ISBN 978-3-662-27230-5 ISBN 978-3-662-28714-9 (eBook)
DOI 10.1007/978-3-662-28714-9

Galaktische Raumkoordinaten und Periodenverteilung naher Mira-Sterne

Von

w. M. K. Ferrari d'Occhieppo, M. Firneis, E. Göbel, E. Thell

(Mit 2 Abbildungen)

(Vorgelegt in der Sitzung der math.-nat. Klasse am 18. Dezember 1980)

Abstract

Cartesian galactic coordinates have been calculated for those Mira type variable stars whose visual (mean) maxima magnitudes were available, down to distance moduli 11^{m}0 inclusively. The latter are determined from the period-luminosity relations for long and short period Miras, respectively, as derived by Ferrari (1973, 1976, 1977) from Clayton & Feast's statistical parallaxes (1969), with the additional assumption that short period Miras are subject to overtone pulsations: formulas (1) and (2).

In the more recent analysis by Foy et alii (1975) we do not find any reason to abandon the outlines of our concept, since his results for the overwhelming majority of Mira-stars sufficiently agree with Clayton & Feast's, last but not least in the confirmation of the uniqueness of the visual luminosity-period relation for M-type Miras regardless of the intensity of OH-features in their spectra. As to the rather poor group of stars with periods from 150 to 200 days, we prefer Clayton & Feast's mean value, since it is based on a considerably greater sample than

Foy's. But, in our opinion, the natural demarcation line between both branches of the period-luminosity relation must be drawn at about 160 days (instead of 150 days), including the possibility that they overlap in a small realm between 160 and 170 days.

The X, Y, Z coordinates (in pc) of the present catalogue are calculated with the assumption that interstellar absorption depends only on distance and galactic latitude according to formula (3). Under the headings I, II, III logarithmical reductions $\Delta \log_{10} R$ to three other models of absorption are added. Cases I and II: superimposed density waves of absorbing material parallel to our neighbouring spiral arms are assumed. Case I: maxima of absorption being centered amidst the bright spiral arms with amplitude ± 55 percent of the mean value. Case II: maxima of absorption at the inner edges of the spiral arms with amplitude ± 50 percent of the mean value (Cf.: Ferrari & Jenkner, 1973, but with slightly different coefficients of absorption). Case III: Van Herk's absorption formula (4). The remarks in the last column of this catalogue are concerned with the occurrence of rare spectral types: C (including the obsolete types R and N), K-M, or S. For the latter ones, distance corrections according to Foy's result that they are overluminous by $0^{\mathrm{m}}.3$ are given in Table 4. With "E?" we have denoted a few stars with periods from 160 to 170 days, tentatively treated according to formula (2), while the same, if treated according to formula (1) in most cases would fall beyond the limiting distance modulus $11^{\mathrm{m}}.0$.

In order to complete the basic material for the statistics of periods in a clearly defined volume of space, we formed an additional list of those photographically observed Miras which have, most probably, distance moduli smaller than $11^{\mathrm{m}}.0$. Since the latter, individually, sometimes might be rather uncertain, instead the apparent photographic magnitudes of maxima and, for statistical purposes only, rough (Z)-coordinates in fractions of kiloparsec from our unpublished working catalogue are given.

Period frequencies have been counted in ten-day intervals, and smoothed out according to formula (5) for Miras of spectral type M, inside and outside the arbitrarily chosen planes of demarcation $|Z| = 250\,\mathrm{pc}$ (Table 5). The most remarkable feature there is the fact that several more or less pronounced maxima of frequency are located, as far as one can see it, around precisely the same period values in both populations, notwithstanding great differences in the relative heights of corresponding maxima here and there. This observation is opposite to the assumption that the often stressed difference of the mean periods of "disc" and "halo" populations be the result of a general evolutionary trend of periods growing gradually shorter in individual stars when leaving the regions of their origin in the galactic disc.

The problem of the physical meaning of distinct groups of Miras according to period could not be cleared up by the selection of such close pairs of Miras which, according to the rules of probability, might be considered as physically connected. Even in these rare cases, ratios of periods as low as 0.78 are found.

Einleitung

In dieser Arbeit wird eine möglichst vollzählige Bestandsaufnahme aller veränderlichen Sterne vom Mira-Typus innerhalb der durch den Entfernungsmodul $11\overset{m}{.}0$ begrenzten Umgebung der Sonne vorgelegt. Die Wahl dieser Abgrenzung wurde dadurch bestimmt, daß innerhalb dieses Bereiches nur sehr wenige noch unentdeckte Mirae zu erwarten sind und daß für die überwiegende Mehrheit der bereits bekannten Objekte qualitativ hochwertige Beobachtungsdaten vorliegen. Übrigens hätte auch die Beschränkung auf einen kleineren Entfernungsmodul den ungleichen Prozentsatz erstklassiger Beobachtungsdaten zwischen Nord- und Südhemisphäre nicht beseitigt, jedoch den Ausschluß zahlreicher Objekte mit sehr guten Daten zur Folge gehabt und die Basis jeder statistischen Untersuchung des Materials geschmälert.

Der erste und wichtigste Teil des angeschlossenen Kataloges gibt die rechtwinkeligen galaktischen Raumkoordinaten von 313 Mirae, deren Maximalhelligkeit — in weitaus den meisten Fällen außerdem ein Mittelwert von zahlreichen beobachteten Maxima — im visuellen System erhältlich war. Nur unter dieser Voraussetzung ist derzeit eine individuell gut gesicherte Bestimmung des Entfernungsmoduls möglich, weil bisher nur die visuelle Leuchtkraft-Periode-Beziehung bekannt und, wenigstens für die Mirae vom Spektraltypus M, auch eindeutig ist.

Um für die Ermittlung der Häufigkeitsverteilung der Perioden und der räumlichen Dichte der Mirae ein über die ganze Sphäre hin möglichst gleichmäßig vollständiges Ausgangsmaterial zu haben, wurde an Hand unseres unveröffentlichten Arbeitskataloges ein zweiter Katalogteil zusammengestellt, der 158 Mirae enthält, von denen nur photographische Größen bekannt sind, und deren geschätzte Entfernungsmoduln gleichfalls unter $11^{m}_{,}0$ liegen. Da diese jedoch aus mehreren Gründen — ungenaue oder fehlende Kenntnis des Farbindex, sehr häufig fehlende Angaben über die mittlere Höhe der Maxima, in einigen Fällen sogar unsichere Perioden — nur roh geschätzt werden können, sind in diesem Teil des Kataloges neben den Perioden nur die scheinbaren photographischen Maximalhelligkeiten und als (Z) die Abstände von der galaktischen Ebene in Bruchteilen von Kiloparsek angegeben.

Schon bei der Zusammenstellung des Kataloges fielen einige paarweise oder sogar zu dritt einander benachbarte Objekte auf, welche den Anlaß zu einer systematischen Aufsuchung und Zusammenstellung in einer den Katalog abschließenden Liste gaben. Wahrscheinlichkeitstheoretisch ist jedoch nur bei etwa einem halben Dutzend der engsten Paare eine Art physischer Zusammengehörigkeit zu vermuten.

Die Periode-Leuchtkraft-Beziehung

Zum Unterschied von dem klassischen Beispiel einer Periode-Leuchtkraft-Beziehung, den Delta-Cephei-Sternen, ist bei den Mira-Sternen nicht nur der Nullpunkt, sondern auch die Form der gesuchten Beziehung unmittelbar aus statistischen Parallaxen zu ermitteln. Dies machte die Aufteilung des Materials an Eigenbewegungen in eine größere Anzahl von Gruppen für relativ breite Periodenintervalle mit naturgegeben stark differierender Besetzungsdichte erforderlich. Daher sind zwar für die weit überwiegende Mehrheit der Mirae die absoluten Helligkeiten innerhalb sehr geringer Unsicherheitsgrenzen zuverlässig bekannt, während in den schwach besetzten Periodenbereichen noch nicht befriedigend geklärte Kontroversen bestehen.

Das bisher umfangreichste Material an Eigenbewegungen von Mira-Sternen haben Clayton & Feast (1969) auf die Bestimmung statistischer Parallaxen hin verarbeitet. Die von ihnen erhaltenen Gruppenmittel der absoluten mittleren Maximumshelligkeiten mit alleiniger Ausnahme der die kürzesten Perioden enthaltenden Gruppe hat Ferrari (1973) in die sich ihnen optimal anpassende Interpolationsformel zusammengefaßt

$$M_v = -0{,}32 - \frac{200}{P-100}, \quad P > 160^{\mathrm{d}} \tag{1}$$

Die Untergrenze ihres Geltungsbereiches wurde schon damals bei etwa 160 Tagen Periode angenommen. Nach oben hin ist sie aus den Daten von Clayton & Feast bis etwa 500 Tage Periode belegt. Da ihr zunehmend flacher werdender Gradient mit den ungeglätteten Ergebnissen der beiden genannten Autoren durchaus übereinstimmt, bestehen aber keine Bedenken, sie auch noch auf die wenigen Mirae mit längeren Perioden zu extrapolieren.

Eine irgendwie stetige Fortsetzung der Beziehung (1) zu der überraschend niedrigen und später auch von Foy et alii (1975) bestätigten mittleren Maximumshelligkeit der Mirae kürzester Perioden schien jedenfalls ausgeschlossen. Im Gegenteil, mehrere Wahrnehmungen in diesem Zusammenhang, darunter das Verhalten der τ-Komponenten der Eigenbewegungen, führten zu dem Schluß, daß innerhalb dieser Gruppe eine analog gebaute Periode-Leuchtkraft-Beziehung mit entsprechend geänderten Parametern gelte (Ferrari, 1976, 1977), wie a. a. O. im einzelnen dargelegt wurde:

$$M_v = -\frac{100}{P-67}, \quad 100 \leqq P \leqq 160\,(?) \tag{2}$$

Die Untergrenze ist vor allem dadurch gegeben, daß es echte Mira-Veränderliche mit Perioden unter 100 Tagen nur in verschwindend geringer Anzahl gibt. Die Obergrenze wurde ursprünglich aufgrund einer Häufigkeitslücke unter den Mirae bis zur scheinbaren Maximumshelligkeit 10^{m} bei 158 Tagen angenommen. Da jedoch diese Grenze mit einem erheblichen Sprung in den absoluten Helligkeiten zusammentrifft, würde (wie man leicht überlegt) die Verschiebung der Grenze zwischen den Geltungsbereichen der Formeln (1) und (2) auch zu einer Verschiebung der Häufigkeitslücke bei Abzählungen innerhalb eines bestimmten Volumens führen.

Man muß sogar mit der Möglichkeit rechnen, daß es bei der leichten Variabilität der Periodendauer bei den einzelnen Sternen einen gewissen Bereich zwischen 160 und 170 Tagen Periode gibt, wo für einige Objekte die eine, für manche die andere Leuchtkraftformel gilt. Im Hinblick darauf wurden in unserem Katalog alle Mirae mit Perioden von 160 bis 170 Tagen, die andernfalls fast ausnahmslos Entfernungsmoduln über $11\overset{m}{,}0$ angenommen hätten, versuchsweise nach Formel (2) berechnet. Ein „E ?" in den Bemerkungen weist jedoch darauf hin, daß diesen Sternen möglicherweise eine wesentlich größere Entfernung zukommt.

Es muß hier erwähnt werden, daß Foy et al. (1975) nach einem Verfahren der simultanen Verwertung von tangentialen und radialen Eigenbewegungen für die überwältigende Mehrheit der Mira-Sterne absolute Helligkeiten erhalten haben, die sehr nahe mit jenen von Clayton & Feast übereinstimmen und vor allem auch zeigen, daß für visuelle Helligkeiten jedenfalls kein Unterschied zwischen den sogenannten OH-Mirae und den übrigen gleicher Periodenlänge besteht. Nur in den am schwächsten besetzten Gruppen, einerseits im Übergangsbereich 150 bis 200 Tage, andererseits bei über 400 Tagen Periode, findet er wesentlich niedrigere Gruppenhelligkeiten als seine Vorgänger. Foy selbst spricht sinngemäß die gleiche Ansicht aus wie wir, daß in der zuerst genannten Gruppe Mirae sehr stark verschiedener Leuchtkraft gemischt sind, und vermutet, daß sich unter den 7 von ihm ausgeschiedenen Sternen dieser Gruppe (von insgesamt nur 20) eben jene absolut sehr hellen befanden, die für das ganz andersartige Ergebnis seiner Vorgänger den Ausschlag gaben. Auch weist er selbst auf Mira-Sterne dieses Periodenbereichs in Sternhaufen hin, die — nach durchaus unabhängiger Methode ermittelte — hohe Leuchtkräfte haben. Wir glauben daher keinen Anlaß zu haben, von den Formeln (1) und (2) abzugehen, abgesehen vom Zugeständnis der Möglichkeit, daß sie einander in einem kleinen Bereich überlappen.

Bei den Mirae der längsten Perioden ist der Unterschied sowohl in der Anzahl der verwendeten Sterne als auch in den Resultaten zwischen Clayton & Feast's und Foy's Arbeiten weniger drastisch. Zudem liegen in diesem Bereich die geringen Abweichungen der Formel (1) von den ungeglätteten Ergebnissen des zuerst genannten Teams in Richtung eines Kompromisses mit denen von Foy. Um so mehr ist es gerechtfertigt, auch in diesem Periodenbereich die Formel (1) beizubehalten.

Um jedoch eine Vorstellung zu gewinnen, wie sich unter Voraussetzung der nach Foy geringeren absoluten Helligkeiten der Mirae in den eben besprochenen Periodenbereichen die Häufigkeitsverhältnisse etwa ändern würden, wurde in Tabelle 3 eine Liste jener Mirae mit visuell beobachteten Maximumshelligkeiten zusammengestellt, deren Entfernungsmoduln sich gegebenenfalls von den nach unseren Formeln berechneten E-Werten auf $11^{\mathrm{m}}_{,}0$ oder weniger verkleinern würden. Dabei wurde ein allmähliches Einschleifen in die Übereinstimmung mit unserer Formel (1) von $P = 260^{\mathrm{d}}$ aufwärts angenommen, hingegen ab $P = 400^{\mathrm{d}}$ alle E-Moduln bis nahe an 12^{m} noch hereingenommen. Daraus ist ersichtlich, daß nur im Periodenbereich 200 bis 220 Tage eine erhebliche Veränderung der Häufigkeitsverteilung um je fünf Sterne pro Zehntage-Intervall eintreten würde. Allerdings ist zu erwarten, daß eine analoge Tabelle für Mirae mit photographisch beobachteten Maxima insgesamt noch etwa ein weiteres Dutzend solcher Sterne für den gesamten Periodenbereich beitragen würde.

Von den Mirae des Spektraltypus S hat Foy festgestellt, daß sie im Durchschnitt um etwa $0^{\mathrm{m}}_{,}3$ höhere absolute Helligkeiten aufweisen als solche gleicher Periodenlänge vom Typus M. Wenn dies zutrifft, wären die Entfernungsmoduln der 31 S-Sterne im ersten Teil unseres Kataloges um diesen Betrag zu vergrößern. Die entsprechende Auswirkung auf die Entfernung bzw. proportional dazu auf X, Y, Z ist aber von der galaktischen Breite und der Entfernung selbst abhängig und wiederum in logarithmischer Form in Tabelle 4 zusammengestellt. Denn im Interesse möglichster Homogenität schien es nicht zweckmäßig, sie in den Katalog selbst einzuarbeiten. Die Bemerkung „S“ ist vielmehr als Hinweis auf die Tabelle 4 aufzufassen.

Modelle der interstellaren Absorption

Bei der photometrischen Bestimmung von Entfernungen der Größenordnung mehrerer Hunderte Parsek spielt die interstellare Absorption bereits eine beträchtliche Rolle. Über ihr Ausmaß bestehen jedoch noch erhebliche Meinungsverschiedenheiten, denen wir bei der Anlage unseres Kataloges nach Möglichkeit Rechnung getragen haben.

Unbestritten ist es jedenfalls, daß die Dichte des absorbierenden Mediums beiderseits der galaktischen Ebene ziemlich rasch exponentiell abnimmt. Ferrari und Jenkner (1973) nahmen als Mittelwert aus verschiedenen Bestimmungen die halbe Äquivalentschichtdicke zu 150 Parsek und deren Totalabsorption in Richtung zu den galaktischen Polen mit $0^{m}{,}405$ an, was für Objekte genau am galaktischen Äquator dem Absorptionsbetrag $a_0 = 2{,}7^{m}/\text{kpc}$ entspricht. Der Berechnung von $R = \sqrt{X^2 + Y^2 + Z^2}\,[\text{pc}]$ unseres Kataloges liegt demgemäß der Ansatz zugrunde

$$E = 5\log_{10}R - 5 + 0{,}405\left[1 - \exp\left(-\frac{R\sin|b|}{150}\right)\right]\operatorname{cosec}|b|. \quad (3)$$

Formal analog, jedoch mit erheblich geringerer geometrischer und optischer Schichtdicke rechnet Van Herk (1965):

$$E = 5\log_{10}R - 5 + 0{,}140\left[1 - \exp\left(-\frac{R\sin|b|}{100}\right)\right]\operatorname{cosec}|b|. \quad (4)$$

In Spalte III unseres Kataloges sind die stets positiven logarithmischen Reduktionen der nach Formel (3) berechneten Koordinaten auf die Formel (4) angegeben.

Ferrari und Jenkner haben aber auch Formeln abgeleitet, wie sich Dichtewellen, die näherungsweise parallel zu den uns benachbarten Milchstraßenarmen verlaufen mögen, auf die Absorptionsbeträge auswirken. Dabei wurden zwei plausible Varianten ins Auge gefaßt: Fall I.: die absorbierende Materie habe ihre größte Dichte zentriert in den hellen Milchstraßenarmen. Fall II.: die stärkste Absorption trete an den Innenkanten der hellen Spiralarme auf. Etwas abweichend von den

Absorptionskoeffizienten der eben zitierten Arbeit haben wir hier angenommen:

Fall I.: $a_0 = 2{,}7$; $a_1 \doteq \pm 1{,}5$
Fall II.: $a_0 = 2{,}0$; $a_1 = \pm 1{,}0$.

Selbstverständlich kommen auch diese Koeffizienten nur in der galaktischen Ebene voll zur Auswirkung und erfahren in höheren galaktischen Breiten eine entsprechende Abschwächung. Wieder sind die logarithmischen Reduktionen von Formel (3) auf die Annahmen I. und II. unter den entsprechenden Spaltenbezeichnungen in unseren Katalog aufgenommen, wobei in diesen Fällen sowohl positive wie negative Reduktionen auftreten können.

Häufigkeitsverteilung der Perioden

Abzählungen der Periodenverteilung der Mira-Sterne wurden bisher entweder für alle zur gegebenen Zeit hinlänglich bekannten Sterne oder bis zu einer bestimmten scheinbaren Grenzgröße durchgeführt. Daß dies unter Umständen zu Fehlschlüssen führen kann, wurde im Zusammenhang mit der Frage nach der zutreffenden Abgrenzung der Geltungsbereiche der Periode-Leuchtkraft-Formeln (1) und (2) erwähnt. Zum Unterschied davon stützt sich die nachstehende Untersuchung auf ein für alle Periodenbereiche gleich großes Volumen, innerhalb dessen man wohl mit keiner nennenswerten Anzahl unentdeckter Objekte dieses Veränderlichentypus rechnen muß. Auch die Teilung des Materials nach dem linearen Abstand von der galaktischen Ebene läßt deutlichere Aussagen über die Populationsverschiedenheiten erwarten als Abzählungen nach verschiedenen sphärischen Breitenzonen.

Das Gesamtmaterial, einschließlich der hier mitzuverwendenden Sterne mit nur photographischen Helligkeitsangaben, enthält unter 471 Mirae 33 ($\approx 7\%$) vom Spektraltypus S, und 25 ($\approx 5\%$) vom Typus C, letztere einschließlich der obsoleten Typen R und N zu verstehen. Nur 2 Objekte weisen im Maximum noch K-Spektra auf und sind als K-M im Katalog kenntlich gemacht. Sie wurden bei den M-Sternen mitgezählt, während die S- und C-Typen gesondert gezählt wurden.

Um die Eigenschaften der Scheibenpopulation noch möglichst rein zu erfassen, ohne das Ungleichgewicht in den Gesamtzahlen allzu groß werden zu lassen, wurde die Abzählung in je zehntägigen Periodenintervallen getrennt für 183 Mirae mit $|Z| \leqq 250$ pc und 230 Mirae mit $|Z| > 250$ pc vorgenommen. Eine weitergehende Aufteilung hätte entweder breitere Periodenbereiche erfordert, was angesichts eines stark gegliederten Häufigkeitsspektrums unangebracht gewesen wäre, oder die zufälligen Schwankungen hätten in weiten Bereichen verwirrend gewirkt.

Neben den unmittelbaren Abzählergebnissen sind in Tabelle 5 auch übergreifende Triadenmittel — jedoch mit doppeltem Gewicht für die jeweils mittlere Zahl — nach der Formel

$$\bar{n} = \frac{1}{4}(n_{i-1} + 2\,n_i + n_{i+1}) \tag{5}$$

angegeben. Eine geringe Glättung nach diesem nicht allzu radikalen Verfahren ist hier um so mehr gerechtfertigt, als die Mirae ihre Perioden bekanntlich nicht streng einhalten, sondern von Zyklus zu Zyklus etwas variieren. Es sind demnach nicht nur die Besetzungszahlen an sich mit statistischen Schwankungen behaftet, sondern die Perioden selbst, als Argument der Häufigkeitsverteilung, mögen fallweise nicht immer ideale Mittlere Perioden der betreffenden Sterne sein.

Die zum Intervall 160 bis 170 Tage gehörigen Abzählergebnisse sind in der Tabelle eingeklammert, weil es aus den bereits dargelegten Gründen zweifelhaft ist, ob und wie viele von diesen Sternen tatsächlich Entfernungsmoduln unter 11^m haben und demnach zu Recht mitgerechnet wurden. Folglich mußten an dieser Stelle je drei Werte der Triadenmittel eingeklammert werden. Die letzteren sind übrigens an dieser Stelle so berechnet, als ob nur die Hälfte der im mittleren Intervall (160 bis 170 Tage) vorgefundenen Sterne in das vom Entfernungsmodul 11^m umgrenzte Volumen gehörte.

Bei der Population außerhalb der galaktischen Scheibe ist infolge der höheren Gesamtzahl und der stärkeren Konzentration auf die mittleren Perioden — 194 Mirae zwischen 200 und 400 Tagen — der Verlauf der Verteilungsfunktion, vollends nach Ausführung der Glättung, erheblich schmiegsamer als in der Scheibenpopulation, die im vorbezeichneten Periodenbereich nur 119 Mirae aufweist. Für $|Z| > 250$ pc erhält man zwei nahezu gleich hohe Maxima bei den Periodenwerten 330 und 275 Tage sowie deutlich abgesetzte Nebenmaxima bei etwa 155 und 375 Tagen. Im Anstieg zum ersten Hauptmaximum (275^d) ist noch eine schwach besetzte und nicht genau lokalisierbare Häufungsstelle um den Periodenwert 220 Tage erkennbar (Abb. 1).

In der Scheibenpopulation dominiert bei weitem das Häufigkeitsmaximum bei 330 Tagen. Aber auch jenes bei 275 Tagen ist noch in voller Deutlichkeit ausgeprägt. Jedenfalls aber liegen diese zwei markantesten Häufigkeitsspitzen trotz ihrer erheblich verschiedenen relativen Besetzung, soweit man es erkennen kann, genau bei den gleichen Periodenwerten. Kein erheblicher Unterschied ist bei der vollständig separierten Häufungsstelle um 155 Tage sowohl in der Lage wie in der Höhe zu finden. Die schwache Anhäufung im Periodenbereich zwischen 200 und 250 Tagen Periode ist auch hier zu finden, aber wiederum nicht genau lokalisierbar.

Im Bereich der langen Perioden sind in der Scheibenpopulation zwei weitere Häufungsstellen zu sehen, die außerhalb nur in vereinzelten Vertretern präsent sind: zahlenmäßig dominiert eine breite Anhäufung mit der Mitte um 430 Tage, während eine kleine deutlich abgesetzte Gruppe um 495 Tage zu den nur ganz sporadisch vertretenen längsten Perioden überleitet. Die Lücke zwischen den Maxima bei 330 und um 430 Tage ist durch die hier gleichfalls präsente Gruppe um 375 Tage ausgefüllt.

Die Tatsache, daß zum mindesten die markanteren Maxima der Periodenhäufigkeit in beiden Teilpopulationen nicht irgendwie gegeneinander verschoben, sondern genau bei den gleichen Periodenwerten liegen, wird durch die Verteilungsfunktion des gesamten Materials bestätigt, wo sie einander nicht etwa gegenseitig verwischen, sondern wechselseitig verstärken. Die verhältnismäßig nicht allzu großen Abstände auf der Skala der Perioden zeigen übrigens, daß die Durchführung der Abzählung in breiteren Intervallen nicht wenige offensichtlich signifikante Einzelheiten verwischt hätte (Abb. 2).

Überblickt man die vorstehenden Feststellungen, so sieht man, daß sich die Häufigkeitsverteilung der Mira-Sterne aus mindestens sieben verschiedenen Teilgruppen des Periodenspektrums zusammensetzt. Fünf dieser Gruppen sind in beiden Teilpopulationen vertreten und haben — in drei Fällen genau nachweisbar — ihre Häufungsmaxima bei jeweils den gleichen Periodenwerten. Nur zwei Gruppen, deren Maxima um 430 und ziemlich scharf bei 495 Tagen Periode liegen, treten außerhalb der galaktischen Scheibe kaum in Erscheinung.

Würde man die beiden Häufigkeitsverteilungen so normieren, daß das absolute Hauptmaximum bei 330 Tagen gleich hoch würde, dann wären nicht nur die Häufungsstellen um 220 und bei 275 Tagen, sondern auch jene um 375 Tage in der Scheibenpopulation um rund 40 Prozent unterbesetzt, die Anhäufungen um 430 und 495 Tage hingegen fast ausschließlich in der Scheibenpopulation vertreten.

Unter den Sternen mit C-Spektren ist die Anhäufung um 430 Tage sehr deutlich vorhanden: annähernd die Hälfte dieser Spektralgattung drängt sich um den genannten Periodenwert zusammen.

Die Mirae mit S-Spektren sind ziemlich gleichmäßig — mit den gemäß der Poisson-Regel zu erwartenden Häufigkeitsschwankungen — über den weiten Periodenbereich 270 bis 450 Tage verteilt. Aber man kann es gewiß nicht als Zufall betrachten, daß genau am Rande dieses Bereiches fünf S-Mirae mit Perioden zwischen 270 und 288 Tagen die gleiche Lage wie eines der Häufigkeitsmaxima der M-Mirae einnehmen.

Nach diesen Feststellungen muß man es ernstlich bezweifeln, ob der formal natürlich errechenbaren „mittleren Periode", sei es der Scheibenpopulation, sei es der Mirae in größeren Abständen von der galaktischen Ebene, ein physikalischer Sinn zugeschrieben werden kann. Auf den Umstand, daß dieser Periodenmittelwert für Mirae niedriger galaktischer Breiten bei längeren Perioden gefunden wird als bei Mirae höherer galaktischer Breiten, stützte sich ja die Vorstellung einer Entwicklungstendenz der Art, daß die Mirae nahe dem Ort und der Zeit ihrer Entstehung in der galaktischen Scheibe lansamer pulsieren, im Laufe ihrer Entwicklung aber unter Verkürzung ihrer Perioden mehr oder weniger weit von der galaktischen Scheibe wegdiffundieren. Nach der vorstehenden Untersuchung des Häufigkeitsspektrums der Perioden liegt viel eher der Gedanke an mehrere natürliche Untergattungen der Mirae nahe, die je um einen gewissen, ihnen eigen-

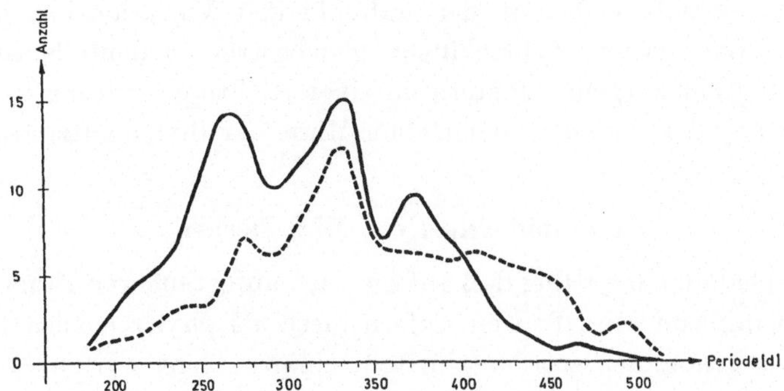

Abb. 1. Häufigkeitsverteilung in Abhängigkeit von der Periode für 167 Mirae mit $|Z| \leqq 250$ pc (— — — —) bzw. 216 Mirae mit $|Z| > 250$ pc (———) gemäß Tabelle 5, wobei nur Objekte vom Spektraltyp M und $P > 180^d$ berücksichtigt sind

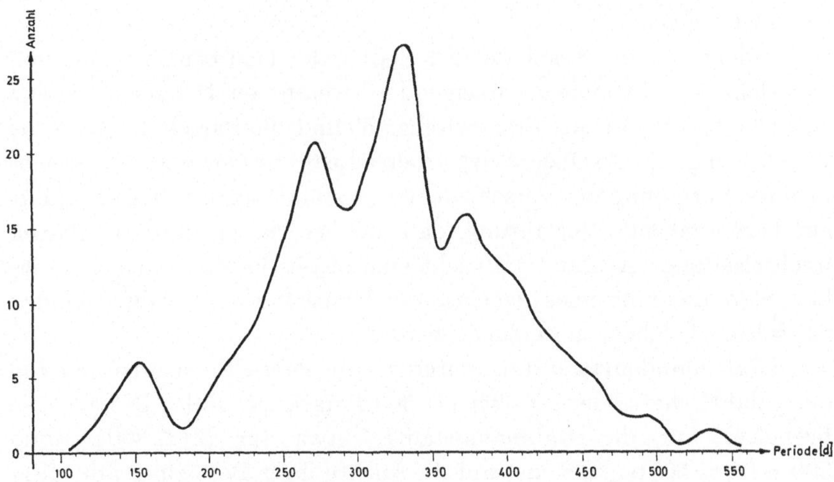

Abb. 2. Häufigkeitsverteilung in Abhängigkeit von der Periode für 413 Mira-Sterne vom Typus M gemäß Tabelle 5

tümlichen Periodenwert gruppiert sind. Vielleicht müßte man sogar den jeweiligen Streubereich mit der individuellen Variationsbreite der Perioden- oder besser Zyklenlängen gleichsetzen. Jedenfalls ist der Vorstellung einer irgendwie stetig in einer Richtung fortschreitenden Veränderung der Perioden je einzelner Mirae der Boden entzogen.

Paare und Tripel von Mira-Sternen

Der Gedanke lag nahe, daß auf die eben aufgetauchten Fragen die Betrachtung von Mira-Paaren, sofern diese als physisch zusammengehörig angenommen werden dürften, einiges Licht werfen könnte. Dies schien nicht ausgeschlossen, da schon im Zuge der Zusammenstellung unseres Kataloges mehrere Paare mit verhältnismäßig geringen gegenseitigen Abständen auffielen. Eine systematische Suche brachte die dem Katalog angeschlossene Liste solcher Paare zusammen (S.404). Darunter sind auch mehrere Mirae, die von zwei ihrer Nachbarn weniger als 100 pc entfernt sind, so daß man von Tripeln sprechen kann. Endlich sind im Sternbild Delphin sogar vier Mirae in dieser Weise einander benachbart.

Ordnet man die Abstände nach der Größe, dann bemerkt man, von den kleinsten Abständen aufsteigend, oberhalb von 37 Parsek Distanz eine ausgeprägte Lücke. Erst zwischen 60 und 100 Parsek (letzteres die willkürlich gewählte Obergrenze unseres Liste) ist eine ungefähr gleichförmige Verteilung der verschiedenen Abstände anzutreffen. Die daraus hervorgehende Vermutung, daß nur bei Paaren unter 40 Parsek wechselseitigem Abstand vielleicht eine physische Zusammengehörigkeit, etwa im Sinne eines gemeinsamen Ursprungsortes, wahrscheinlich ist, soll nachstehend untersucht werden.

Läßt man demnach drei weitgetrennte Paare, deren Abstand von der galaktischen Ebene größer als 500 Parsek ist, außer Betracht, so brauchen nur die Raumausschnitte etwa für $|Z| \leqq 300$ pc und $300 < |Z| \leqq 500$ pc zunächst auf die Dichte ihrer Besetzung mit Mira-Sternen im allgemeinen geprüft zu werden. Bis zu $|Z| = 500$ pc kann die Mantellinie des Rotationskörpers, der durch den Entfernungsmodul $11^{m}_{,}0$ in Verbindung mit dem Absorptionsmodell gemäß Formel (3) begrenzt wird, in guter Annäherung durch eine Art Parabel mit nichtganzzahligem Exponenten dargestellt werden, nämlich

$$\rho = \sqrt{X^2 + Y^2} = 0{,}953 - 1{,}0012\, v^{1{,}8859}; \quad 0 \leqq v \leqq 0{,}5 \tag{6}$$

worin ρ und $v = (0{,}502 - |Z|)$ in kpc zu verstehen sind. Daraus folgt durch Integration der symmetrisch zu beiden Seiten der galaktischen Ebene gelegenen Volumina in [kpc³]:

$$2\pi \int_0^{v_1} \rho^2 dv = 5{,}7026\, v_1 - 4{,}1534\, {v_1}^{2{,}8859} + 1{,}3198\, {v_1}^{4{,}7718}. \tag{7}$$

Zwecks Bestimmung der Mira-Dichte waren natürlich die Mirae aus beiden Katalogteilen und ohne Rücksicht auf ihre Spektraltypen innerhalb der entsprechenden $|Z|$-Grenzen zu zählen und der Radius r jenes Kugelvolumens, das durchschnittlich e i n e r Mira zur Verfügung steht, zu bestimmen. Daraus folgt schließlich für die Poisson-Verteilungen mit „Zellen" von bezüglich 100 und 40 pc Radius

$$n_0 = (100/r)^3 \text{ und } n_0' = (40/r)^3. \tag{8}$$

Endlich ist bei der Berechnung der Erwartungswerte darauf Rücksicht zu nehmen, daß nur Paare bzw. Tripel registriert wurden, deren zwei oder drei Partner unter den Sternen des visuellen Teiles unseres Kataloges enthalten sind. Alle in diesem Sinne relevanten Zahlen sind in der Tabelle 1 zusammengestellt:

Tabelle 1
Erläuterungen dazu im Text

$\|Z\|$ [kpc]	V [kpc³]	N_v	N_p	$N = N_v + N_p$	$(N_v/N)^2$	N/V	r[kpc]	n_0	n_0
$\leqq 0{,}3$	1,2736	180	89	269	0,45	211	0,104	0,885	0,057
0,3—0,5	1,1001	70	38	108	0,42	98	0,134	0,411	0,026
$\leqq 0{,}5$	2,3737	250	127	377	0,44	159			

Schließlich ergibt sich folgende Gegenüberstellung von tatsächlich gezählten (B) und wahrscheinlichkeitstheoretisch zu erwartenden (R) Paaren, Tripeln und Quadrupeln gemäß Tabelle 2.

Tabelle 2

Beobachtete (B) und wahrscheinlichkeitstheoretisch erwartete (R) Anzahlen von Paaren und Mehrfachgruppierungen unter den visuell beobachteten nahen Mira-Sternen.

r [kpc]	0,10				0,04			
$\|Z\|$ [kpc]	$\leqq$ 0,3		0,3—0,5		$\leqq$ 0,3		0,3—0,5	
	B	R	B	R	B	R	B	R
Paare	19	22	7	6	6	3	2	0,6
Tripel	4	4	2	0,5	—	—	—	—
Quadrupel	1	0,6			—	—	—	—

Für zugelassene Distanzen bis 100 Parsek bleibt, wie man sieht, die Zahl der in unserer Liste enthaltenen Paare sogar ein wenig hinter der theoretischen Erwartung zurück, die Zahl der Tripel liegt knapp über der Erwartung, und sogar dem Quadrupel im Delphin steht ein nicht verschwindend kleiner errechneter Erwartungswert gegenüber.

Bei Beschränkung auf eine wechselseitige Distanz unter 40 Parsek sind sowohl in der Beobachtung wie in der Erwartung nur noch Paare vorhanden: insgesamt 8 „engen" Paaren unserer Liste steht eine Erwartung von weniger als 4 gegenüber.

Es stellt sich also heraus, daß auch unter den „engen" Paaren noch Fälle zufälliger Nachbarschaft zu vermuten sind. Sucht man nach Unterscheidungsmerkmalen zwischen physischer Zusammengehörigkeit und zufälliger Nachbarschaft, dann trifft die zweite Möglichkeit wohl sicher auf das Paar R und T Sgr zu, dessen zweite Komponente der einzige S-Stern unter den hier noch in Betracht stehenden 16 Partnern ist. Bei Berücksichtigung des vollen Betrages der Korrektion wegen überhöhter Leuchtkraft der S-Sterne würde sich übrigens die Distanz zwischen R und T auf 73 Parsek vergrößern, die beiden also die hier angenommene Grenze für enge Paare weit überschreiten. Einen noch größeren relativen Unterschied ihrer Perioden als die vorigen weisen nur die Paare *T* und *W* Aqr sowie *W* und *RU* Aur auf. Im letzteren Fall kann auch geltend gemacht werden, daß bei so geringem Abstand von der galaktischen Ebene das Zustandekommen einer bloß zufälligen Nachbarschaft besonders leicht möglich war. Für die übrigbleibenden fünf Paare bieten sich die Verhältnisse der Perioden nicht mehr als Entscheidungshilfe an. Denn die zwei Komponenten des engsten dieser Paare, RT und RX Centauri, die trotz ihrer sehr großen Entfernung von der galaktischen Ebene nur 12 Parsek gegenweitigen Abstand haben, zeigen Perioden von 255 und 328 Tagen, sie sind also zwei verschiedenen der ausgeprägtesten „Untergattungen" zuzurechnen. Das Periodenverhältnis beträgt hier 0,78. Da es trotzdem schwer hält, in diesem Fall von einer nur zufälligen Annäherung der beiden aneinander zu sprechen, und da die übrigen Paare Periodenverhältnisse näher an 1 aufweisen, muß man wohl sie samt dem Centaurus-Paar mit hoher Wahrscheinlichkeit als physisch zusammengehörig ansprechen.

Wenn dies aber der Fall ist, dann folgt daraus, daß auch Mirae, die einmal am gleichen Ort der Galaxis entstanden sind, den Perioden nach beurteilt verschiedenen Untergruppen angehören können.

Tabelle 3. Mira-Sterne kurzer und extrem langer Perioden mit E-Moduln größer als 11.05. Begründung der Auswahl im Text

Stern		P	E	(Z)	Bem.
Her	SS	107	11,70	0,87	
Cet	X	177	11,72	—1,22	S
Oph	SS	180.	11,52	0,52	
Cet	Z	185	11,57	—1,51	
Boo	RR	195	11,23	1,27	
Peg	X	201	11,70	—0,57	
Scl	T	201	11,50	—1,62	
Oph	RU	202	11,58	0,47	
Pyx	S	207	11,19	0,24	
Dra	RV	208	11,37	1,16	
Mic	S	209	11,16	—0,93	
Vir	SU	210	11,54	1,58	
Vir	Y	218	11,41	1,31	
Oct	T	218	11,51	—0,74	
Cyg	TU	219	11,40	0,20	
And	Y	220	11,19	—0,42	
UMa	RR	231	11,15	1,09	
Oph	S	233	11,32	0,38	
Aqr	RT	246	11,19	—1,15	
Tri	S	247	11,08	—0,48	
And	V	258	11,09	—0,51	
Eri	SW	401	11,78	—1,04	
Car	RY	422	11,94	—0,01	
Lyr	S	438	11,71	0,12	S
Vol	R	450	11,69	—0,59	
Tau	RU	568	11,15	—0,07	

Tabelle 4. Dekadisch-logarithmische Entfernungskorrektionen der im Katalog dieser Arbeit enthaltenen Sterne vom Typus *S*

Stern		$\Delta \log R$	Stern		$\Delta \log R$	Stern		$\Delta \log R$
And	R	0,053	CMi	V	0,039	Gem	R	0,048
And	W	0.050	Cas	S	0,044	Gem	T	0,053
And	X	0,048	Cas	T	0,045	Gem	V	0,047
And	RR	0,057	Cas	U	0,047	Her	S	0,046
And	RW	0,054	Cas	RV	0,049	Lup	S	0,046
Aqr	X	0,059	Cet	W	0,058	Lyn	R	0,052
Aql	W	0,040	Cru	BH	0,044	Mon	RR	0,041
Cam	R	0,057	Cyg	R	0,048	Per	RZ	0,045
Cam	T	0,045	Cyg	χ	0,051	Sgr	T	0,046
Cnc	V	0,054	Del	Z	0,046	Sgr	ST	0,041
						UMa	S	0,059

Tabelle 5. Häufigkeitsverteilung der Perioden von 471 Mirae: Abzählergebnisse in zehntägigen Intervallen und geglätteter Verlauf gemäß Formel (5)

Spektraltypen	*M* (mit *K-M*)						*S*	*C*
P	$\|Z\| \leqq 250$ pc		$\|Z\| > 250$ pc		alle			
100	0	0,0	0	0,25	0	0,25		
110	0	0,25	1	0,75	1	1,0		
120	1	0,75	1	1,5	2	2,25		
130	1	1,75	3	2,0	4	3,75		
140	4	3,0	1	2,25	5	5,25		
150	3	(3,25)	4	(2,75)	7	(6,0)		
160	(6)	(2,5)	(4)	(2,0)	(10)	(4,5)		
170	1	(1,25)	0	(0,75)	1	(2,0)		
180	0	0,75	1	1,0	1	1,75		
190	2	1,25	2	2,25	4	3,5		
200	1	1,25	4	3,75	5	5,0		
210	1	1,5	5	4,75	6	6,25		
220	3	2,25	5	5,25	8	7,5	1	

Fortsetzung von Tabelle 5

P	Spektraltypen	M (mit K-M) |Z| ≦ 250 pc		|Z| > 250 pc		alle	S	C
230	2	3,0	6	6,5	8	9,5	0	
240	5	3,25	9	9,25	14	12,5	0	
250	1	3,25	13	12,25	14	15,5	0	1
260	6	5,25	14	14,25	20	19,5	0	0
270	8	7,0	16	13,5	24	20,5	4	0
280	6	6,25	8	10,5	14	16,75	1	0
290	5	6,25	10	10,0	15	16,25	0	1
300	9	7,75	12	11,25	21	19,0	3	0
310	8	9,25	11	12,25	19	21,5	1	0
320	12	12,0	15	14,5	27	26,5	2	0
330	16	12,0	17	15,0	33	27,0	1	1
340	4	8,25	11	10,5	15	18,75	2	0
350	9	6,5	3	7,0	12	13,5	2	3
360	4	6,25	11	8,75	15	15,0	2	1
370	8	6,25	10	9,5	18	15,75	2	2
380	5	6,0	7	7,75	12	13,75	0	1
390	6	5,75	7	6,75	13	12,5	4	1
400	6	6,25	6	5,5	12	11,75	2	1
410	7	6,0	3	3,5	10	9,5	0	2
420	4	5,5	2	2,25	6	7,75	3	3
430	7	5,25	2	1,75	9	7,0	0	3
440	3	5,0	1	1,0	4	6,0	1	1
450	7	4,5	0	0,75	7	5,25	0	2
460	1	3,0	2	1,0	3	4,0	0	1
470	3	1,75	0	0,75	3	2,5	0	0
480	0	1,75	1	0,5	1	2,25	0	1
490	4	2,25	0	0,25	4	2,5	1	0
500	1	1,5	0	0,0	1	1,5	0	0
510	0	0,25	0	0,25	0	0,5		
520	0	0,25	1	0,75	1	1,0		
530	1	0,75	1	0,75	2	1,5		
540	1	0,75	0	0,25	1	1,0		
550								
578	1		0		1		0	0
612	0		0		0		1	0

Literatur

Clayton, M. L., and M. W. Feast: M.N.R.A.S. **146** (1969), 411.

Ferrari d'Occhieppo, K.: IBVS 768 (1973).

Ferrari d'Occhieppo, K., und H. Jenkner: Österr. Akad. Wiss., math.-nat. Kl. Sb. II, **181** (1973), 157 = Astron. Mitt. Wien, Nr. 12.

Ferrari d'Occhieppo, K.: Österr. Akad. Wiss., math.-nat. Kl. Anz. **113** (1976), 125 = Astron. Mitt. Wien, Nr. 19.

Ferrari d'Occhieppo, K.: IBVS 1239 (1977).

Foy, R., A. Heck, and M.-O. Mennessier: Astron. & Astrophys. **43** (1975), 175.

Van Herk, G.: Bull. Astron. Inst. Netherlands **18** (1965), 71.

KATALOG

1. Abteilung

Heliozentrische galaktische Raumkoordinaten von 313 Mira-Sternen mit visuell beobachteten Maxima bis zum Entfernungsmodul $11\overset{m}{.}0$:

P = Periode in Tagen. Um die Eindeutigkeit der Zuordnung zu den Dekaden der Periodenstatistik zu sichern, ist bei der Endziffer 0 unterschieden, ob sie durch Aufrundung — unbezeichnet — oder durch Abrundung — Ziffer 0 mit nachfolgendem Punkt (z. B. 280.) entstanden ist.

E = Entfernungsmodul (distance modulus) m — M, unter Berücksichtigung der Formeln (1) oder (2) und der scheinbaren mittleren Maxima-Helligkeit. Falls die letztere nicht aus Beobachtungen abgeleitet, sondern aus dem Katalogwert des Maximums gemäß GCVS mittels einer nach der Periode geschätzten Reduktion errechnet wurde, ist E nur auf eine Dezimale angeschrieben.

X, Y, Z = Rechtwinkelige galaktische Koordinaten in Parsec, berechnet aus E mit der Absorptionsformel (3).

I, II, III = $\Delta \log_{10} R$, d. h. dekadisch-logarithmische Reduktionen der räumlichen Koordinaten auf drei andere Modelle der interstellaren Absorption. Näheres darüber im Text (Seite 378).

Bem. = Bemerkungen. Hier sind vor allem Mirae mit seltenen Spektren gemäß dem GCVS und dessen Supplementbänden gekennzeichnet. Mit S ist zugleich ein Hinweis auf die Reduktionstabelle 4 (Seite 389) gegeben. — E ? besagt, daß der Entfernungsmodul nach der Leuchtkraftformel (2) versuchsweise berechnet wurde, obwohl $P > 160^d$. Der nach Formel (1) berechnete E-Modul wäre in den meisten dieser Fälle größer als $11\overset{m}{.}0$.

2. Abteilung

Zusatzliste von 158 Mira-Sternen mit nur photographisch erhältlichen Helligkeiten und geschätzten $E \leqq 11\overset{m}{.}0$ zwecks Vervollständigung der Häufigkeits- und Periodenstatistik.

max phot.: nach GCVS ohne Reduktion auf mittlere Maxima.

(Z) = Abstand von der Ebene des galaktischen Äquators in Kiloparsec.

3. Abteilung

46 Paare von Mira-Sternen aus der ersten Abteilung mit gegenseitigen Abständen unter 101 pc. Erscheint hier derselbe Stern zweimal, dann wurden er und seine beiden Nachbarn zusammen als ein Tripel gezählt.

Stern	P	E	X	Y	Z	I	II	III	Bem.
Andromeda									
R	409	7.87	-121	237	-119	-.018	-.007	.058	S
T	280.	9.92	-246	528	-414	-.030	-.003	.083	
U	347	11.03	-577	742	-378	-.057	+.022	.125	
W	396	8.40	-251	220	-95	-.030	-.003	.070	S
X	346	10.13	-284	565	-175	-.052	+.009	.115	S
RR	328	10.30	-381	589	-381	-.043	+.005	.098	S
RW	430	9.63	-279	448	-307	-.035	+.001	.086	S
SV	316	9.95	-239	556	-243	-.043	+.002	.103	
SX	334	10.6	-485	569	-210	-.062	+.027	.128	
TU	317	9.74	-247	472	-397	-.030	-.004	.080	
Apus									
T	261	10.66	456	-618	-211	+.067	+.026	.131	
Aquarius									
R	387	7.52	37	83	-255	-.001	-.007	.042	
S	279	9.74	246	216	-643	+.004	-.010	.058	
T	202	9.98	453	414	-335	+.018	-.013	.093	
W	381	9.93	441	411	-311	+.018	-.013	.094	
X	312	9.56	311	216	-535	+.008	-.010	.062	S
Y	382	10.43	552	497	-383	+.024	-.013	.102	
RV	454	10.4	472	555	-415	+.013	-.015	.097	C
RW	140	10.9	535	719	-575	+.008	-.015	.095	
Aquila									
R	291	7.47	174	157	+2	+.007	-.010	.052	
W	490.	9.13	374	210	-64	+.033	-.010	.087	S
X	347	10.03	425	409	-117	+.029	-.015	.064	
Z	129	10.61	631	476	-310	+.038	-.011	.118	
RR	394	10.00	470	379	-168	+.033	-.013	.111	
RS	410.	10.66	660	437	-266	+.048	-.008	.126	
RT	330.	9.59	321	364	-40	+.018	-.015	.097	
RU	274	10.87	463	640	-160	+.015	-.021	.142	
RV	219	11.00	514	560	-82	+.037	-.018	.140	
SY	356	10.60	424	571	-129	+.015	-.020	.132	
Ara									
U	225	10.32	625	-216	-149	+.069	+.025	.122	
Aries									
R	187	10.82	-724	485	-587	-.040	+.006	.092	
U	371	9.16	-400	116	-304	-.013	-.003	.073	
Auriga									
R	458	8.58	-324	142	56	-.035	-.002	.075	
U	409	9.47	-453	24	8	-.048	+.004	.089	
V	353	10.31	-658	155	186	-.058	+.020	.120	C
W	274	10.67	-627	98	11	-.066	+.035	.114	
X	164	9.63	-504	148	138	-.048	+.009	.101	E?
RR	308	10.68	-731	127	152	-.065	+.032	.135	
RU	466	10.47	-619	87	39	-.064	+.028	.118	

Stern	P	E	X	Y	Z	I	II	III	Bem.
Bootes									
R	223	9.15	175	137	509	+.004	-.009	.055	
S	271	9.89	-48	397	652	-.010	-.009	.061	
Z	281	10.72	431	9	1056	+.010	-.008	.057	
RT	274	10.47	-11	530	844	.000	-.011	.062	
Caelum									
R	391	8.91	-170	-311	-312	+.003	-.011	.066	
Camelopardalis									
R	270.	9.80	-281	483	361	-.034	-.002	.085	S
T	374	9.05	-339	253	96	-.041	+.002	.086	S
V	522	10.69	-625	536	347	-.055	+.019	.116	
X	144	9.40	-353	339	165	-.042	+.004	.092	
Cancer									
R	361	7.89	-228	-141	119	-.011	-.009	.058	
V	272	9.38	-430	-215	250	-.024	-.009	.085	S
W	394	9.20	-377	-151	349	-.018	-.009	.070	
Canes Venatici									
R	328	8.90	19	147	477	-.004	-.009	.052	
T	290.	10.97	-141	30	1288	-.003	-.009	.053	
Canis Minor									
R	338	9.16	-388	-189	63	-.030	-.009	.088	C
S	333	8.68	-320	-185	85	-.020	-.010	.077	
U	410.	9.76	-474	-284	146	-.032	-.010	.104	
V	366	9.77	-469	-237	69	-.038	-.007	.104	S
Capricornus									
T	269	11.00	741	531	-767	+.018	-.011	.082	
V	276	10.66	716	310	-650	+.024	-.008	.081	
RR	277	10.75	776	251	-671	+.027	-.006	.082	
RU	347	10.83	813	344	-540	+.036	-.005	.097	
Carina									
R	309	5.88	27	-125	-18	+.004	-.006	.030	
S	150	6.90	49	-184	-15	+.013	-.008	.044	K-M
RW	319	10.53	194	-692	-170	+.070	+.009	.129	
Cassiopeia									
R	430.	7.93	-117	255	-53	-.022	-.007	.061	
S	612	10.41	-381	543	+115	-.061	+.023	.125	S
T	445	8.80	-183	331	-45	-.035	-.003	.078	S
U	277	9.85	-301	481	-148	-.049	+.008	.107	S
V	229	9.77	-174	461	-7	-.047	+.003	.095	
W	405	9.78	-282	428	-38	-.053	+.009	.100	C
X	423	11.04	-473	542	-32	-.071	+.051	.129	C
Y	414	10.76	-313	637	-82	-.066	+.027	.134	
Z	496	10.83	-285	647	-63	-.066	+.027	.132	
RV	332	10.58	-408	624	-206	-.060	+.022	.128	S
VZ	169	11.0	-448	608	-84	-.070	+.044	.141	E?

Stern	P	E	X	Y	Z	I	II	III	Bem
Centaurus									
R	546	6.57	115	-122	4	+.014	-.006	.039	
U	220.	10.19	526	-300	87	+.072	+.025	.117	
W	202	10.78	293	-607	33	+.087	+.028	.124	
X	315	9.25	162	-431	164	+.041	-.004	.088	
RS	164	9.63	181	-439	-7	+.067	+.002	.092	E?
RT	255	10.61	569	-561	366	+.052	+.015	.111	
RV	446	8.60	124	-329	36	+.039	-.002	.074	
RX	328	10.60	573	-552	360	+.052	+.015	.111	
XZ	291	9.9	264	-525	298	+.043	.000	.094	
Cepheus									
S	487	9.14	-179	404	155	-.034	-.004	.086	C
T	388	7.01	-51	191	49	-.010	-.007	.045	
X	535	10.18	-298	597	288	-.045	+.005	.105	
Y	333	10.78	-438	692	258	-.061	+.023	.131	
Cetus									
R	166	9.11	-301	70	-437	-.016	-.007	.060	E?
S	320	9.43	-42	201	-599	-.006	-.009	.054	
U	235	9.30	-272	-37	-522	-.010	-.008	.057	
V	260.	10.97	38	480	-1182	-.004	-.009	.057	
W	351	8.72	29	131	-441	-.003	-.009	.051	S
o	332	4.63	-40	9	-66	+.002	-.001	.015	
Chamaeleon									
R	335	9.67	181	-512	-211	+.046	-.002	.097	
Columba									
R	328	10.10	-378	-525	-305	-.007	-.016	.101	
S	326	10.51	-422	-642	-387	-.005	-.017	.105	
T	226	9.41	-257	-399	-306	-.002	-.013	.080	
Coma Berenices									
R	363	9.58	-60	-150	662	+.001	-.009	.054	
Corona Borealis									
S	360.	8.39	138	161	329	+.001	-.009	.053	
V	358	8.60	120	237	331	-.002	-.010	.057	C
W	238	10.27	300	527	633	.000	-.012	.072	
X	241	10.84	383	611	907	+.001	-.011	.067	
Corvus									
R	317	8.74	124	-298	301	+.019	-.007	.063	
Crux									
BH	421	8.34	152	-286	35	+.035	-.005	.069	SC
Cygnus									
R	426	8.43	43	335	83	-.014	-.011	.071	S
U	462	8.07	30	292	34	-.014	-.011	.063	C
V	421	10.04	34	552	37	-.037	-.010	.107	C
Z	264	10.24	61	627	114	-.037	-.011	.120	

Stern	P	E	X	Y	Z	I	II	III	Bem.
Cygnus									
RT	190.	9.84	79	552	120	-.028	-.013	.107	
SX	411	9.96	183	497	-20	-.015	-.017	.102	
TY	350.	10.62	301	584	+48	-.006	-.020	.123	
UX	578	10.5	185	663	114	-.003	-.016	.129	
WX	410.	10.67	159	613	10	-.030	-.027	.114	C
CN	199	10.3	-49	668	157	-.046	-.003	.122	
FF	326	10.1	113	540	-21	-.030	-.015	.105	
χ	407	6.17	53	134	8	-.004	-.007	.034	S
Delphinus									
R	285	9.70	337	417	-133	+.012	-.016	.103	
S	277	10.25	312	582	-181	-.003	-.019	.119	
T	332	10.48	345	635	-210	-.002	-.019	.125	
V	534	10.88	359	747	-220	-.010	-.021	.139	
X	281	10.42	313	642	-222	-.007	-.019	.121	
Y	469	10.76	444	687	-266	+.006	-.020	.130	
Z	304	10.10	301	536	-143	-.001	-.018	.115	S
Draco									
R	246	9.30	-64	429	341	-.019	-.008	.073	
T	421	10.54	+44	780	449	-.029	-.010	.098	C
U	316	10.74	-119	832	360	-.046	.000	.117	
W	279	11.04	-96	965	543	-.038	-.004	.104	
Y	325	10.41	-500	521	504	-.037	+.003	.088	
WZ	398	10.3	+120	661	524	-.015	-.012	.082	
Equuleus									
R	261	10.86	406	788	-390	-.055	-.019	.117	
Eridanus									
T	252	9.64	-340	-277	-499	-.009	-.010	.067	
U	275	10.86	-537	-485	-893	-.010	-.011	.069	
W	377	9.64	-340	-315	-470	-.007	-.005	.070	
Fornax									
R	388	9.91	-237	-172	-730	-.004	-.009	.056	C
Gemini									
R	370	8.16	-296	-74	73	-.020	-.008	.065	S
S	293	10.36	-681	-204	278	-.046	+.001	.113	
T	288	10.08	-613	-187	269	-.041	-.002	.105	S
V	275	9.96	-531	-244	133	-.040	-.005	.111	S
X	264	9.74	-537	-48	119	-.047	+.004	.105	
Grus									
R	332	9.48	402	-61	-471	+.020	-.006	.102	
S	401	8.68	248	-62	-362	+.014	-.007	.057	
T	137	8.13	185	+15	-294	+.011	-.005	.050	
Hercules									
R	318	10.04	472	301	551	+.015	-.010	.073	
S	307	8.89	317	210	248	+.015	-.010	.071	S

Stern	P	E	X	Y	Z	I	II	III	Bem.
Hercules									
T	165	9.02	226	356	171	+.002	-.013	.082	E?
U	406	8.47	243	173	253	+.010	-.009	.061	
W	280	9.73	251	435	456	.000	-.012	.073	
RS	220	9.89	414	418	332	+.015	-.013	.091	
RT	298	10.73	550	634	545	+.013	-.014	.093	
RU	485	8.84	241	217	332	+.007	-.010	.063	
RY	221	10.97	638	643	327	+.030	-.016	.130	
RZ	329	10.69	442	631	200	+.011	-.020	.133	
SY	117	9.50	359	335	326	+.013	-.012	.080	
TV	304	11.00	479	791	357	+.002	-.020	.127	
CF	306	10.99	546	730	330	+.015	-.019	.130	
Horologium									
R	404	6.98	-9	-115	-180	+.002	-.007	.039	
T	218	10.21	-39	-492	-733	+.008	-.010	.063	
Hydra									
R	390	5.51	+62	-64	71	+.004	-.005	.025	
S	256	9.40	-342	-342	262	-.013	-.013	.084	
T	289	9.18	-246	-374	185	-.003	-.014	.085	
X	301	9.72	-206	-511	278	+.009	-.014	.092	
RR	343	10.44	-163	-721	297	+.027	-.014	.114	
RU	333	9.58	+413	-307	307	+.039	+.001	.084	
ST	305	10.8	-245	-824	366	+.024	-.116	.118	
Indus									
R	216	10.44	518	-425	-668	+.027	-.003	.074	
S	400	9.19	390	-116	-338	+.027	-.004	.070	
Lacerta									
R	300	10.42	-110	688	-180	-.050	+.001	.125	
S	242	9.93	-58	584	-156	-.039	-.005	.110	
Leo									
R	312	7.06	-113	-108	151	-.002	-.007	.041	
V	273	10.58	-552	-344	793	-.012	-.010	.068	
W	385	10.82	-359	-477	1011	-.002	-.010	.061	
Leo Minor									
R	372	8.16	-223	-42	266	-.012	-.008	.053	
S	234	10.41	-585	-104	745	-.017	-.007	.067	
Lepus									
R	432	7.72	-198	-135	-146	-.008	-.009	.053	C
T	368	9.37	-343	-316	-299	-.012	-.012	.079	
Libra									
S	192	10.89	875	-247	530	+.045	+.010	.101	
Y	275	10.06	576	-63	533	+.028	-.004	.075	
RR	277	10.05	630	-80	312	+.047	+.005	.098	
RS	218	9.52	486	-148	267	+.042	+.001	.087	

Stern	P	E	X	Y	Z	I	II	III	Bem.
Libra									
RT	252	10.64	765	-246	536	+.040	+.005	.092	
RU	317	9.34	456	-75	291	+.035	-.002	.079	
Lupus									
S	343	9.74	432	-317	107	+.064	+.013	.105	S
Y	401	10.78	528	-432	41	+.078	+.045	.126	
Lynx									
R	379	8.94	-385	131	175	-.032	-.001	.079	S
S	300.	10.92	-832	340	360	-.057	+.024	.123	
U	436	10.42	-666	302	294	-.054	+.017	.113	
W	295	10.8	-887	-12	571	-.040	+.003	.095	
Lyra									
U	456	10.38	227	625	136	-.017	-.018	.129	C
V	374	10.75	354	650	125	-.004	-.021	.137	
W	196	10.29	308	626	291	-.005	-.017	.109	
RY	326	11.00	386	793	258	-.010	-.021	.140	
SS	350.	10.3	142	668	195	-.028	-.014	.120	
TY	332	10.08	294	511	90	.000	-.019	.114	
Microscopium									
R	139	10.59	754	208	-550	+.033	-.004	.089	
U	334	9.98	596	9	-420	+.035	-.002	.084	
Monoceros									
V	334	8.17	-260	-160	-40	-.015	-.010	.066	
Y	230.	10.96	-690	-299	+83	-.060	+.007	.140	
RR	393	10.40	-520	-363	+70	-.040	-.010	.121	S
Norma									
R	493	8.03	245	-151	25	+.035	-.004	.061	
T	243	9.12	335	-226	0	+.062	+.004	.082	
Octans									
R	406	8.87	189	-341	-210	+.032	-.005	.089	
S	259	9.98	366	-495	-307	+.046	+.004	.097	
U	303	9.20	252	-376	-177	+.043	-.001	.086	
Ophiuchus									
R	303	8.91	400	42	103	+.041	-.004	.082	
T	367	10.87	873	14	334	+.060	+.018	.125	
V	298	8.83	388	20	177	+.032	-.005	.076	C
X	334	7.98	219	181	35	+.012	-.011	.062	
Z	349	9.22	419	181	175	+.032	-.008	.086	K-M
RR	293	10.26	664	6	190	+.064	+.013	.118	
RT	426	10.53	595	447	231	+.044	-.011	.125	
RY	150.	9.40	399	252	79	+.034	-.011	.095	
Orion									
R	378	10.64	-778	-162	-297	-.052	+.008	.121	C
S	419	9.35	-424	-222	-179	-.027	-.009	.090	

Stern	P	E	X	Y	Z	I	II	III	Bem.
Orion									
U	372	7.36	-223	-35	-10	-.016	-.008	.051	
V	268	10.91	-855	-251	-345	-.054	+.007	.125	
Pavo									
R	230.	10.36	617	-346	-257	+.058	+.019	.115	
T	244	9.71	438	-324	-319	+.041	+.002	.087	
U	290	10.7	710	-364	-622	+.035	+.002	.084	
W	283	10.41	621	-347	-220	+.061	+.023	.121	
SU	246	10.79	792	-337	-579	+.051	+.006	.092	
Pegasus									
R	378	8.84	27	330	-325	-.010	-.010	.063	
S	319	9.23	11	374	-411	-.011	-.010	.065	
T	373	9.95	175	568	-401	-.010	-.013	.085	
V	302	10.01	248	542	-450	-.003	-.013	.081	
W	345	9.34	-68	456	-291	-.023	-.008	.079	
Z	325	9.61	-162	481	-363	-.027	-.006	.079	
RR	264	10.74	174	812	-320	-.003	-.014	.122	
RS	412	10.26	175	659	-446	-.014	-.013	.089	
RV	390	10.91	12	900	-376	-.042	-.005	.121	
RZ	439	9.71	24	545	-175	-.028	-.010	.101	C
SS	416	8.85	19	386	-211	-.016	-.010	.074	
SW	396	9.8	177	539	-202	-.014	-.015	.102	
TU	322	10.1	240	601	-370	-.009	-.015	.093	
Perseus									
R	210	10.84	-761	343	-254	-.062	+.032	.134	
U	321	9.32	-306	332	-53	-.046	+.005	.091	
Y	253	10.03	-509	290	-106	-.057	+.020	.113	C
RR	390.	10.21	-456	411	-95	-.060	+.024	.119	
RX	422	10.7	-754	259	-232	-.061	+.031	.132	
RZ	354	10.51	-441	542	-143	-.063	+.027	.129	S
Phoenix									
R	268	9.51	224	-161	-591	+.012	-.008	.057	
T	281	10.82	279	-292	-1128	+.010	-.008	.056	
V	257	10.79	450	-187	-1069	+.012	-.008	.058	
W	331	10.09	172	-373	-735	+.013	-.009	.060	
Pictor									
S	427	9.03	-103	-381	-289	+.009	-.011	.071	
T	201	10.70	-241	-785	-586	+.012	-.014	.088	
Piscis Austrinus									
R	293	10.56	541	192	-860	+.013	-.009	.063	
S	272	10.48	554	218	-791	+.014	-.009	.066	
Pisces									
R	344	9.34	-245	192	-509	-.014	-.007	.059	
S	405	10.58	-428	446	-831	-.020	-.006	.066	
X	354	9.71	-321	394	-432	-.028	-.003	.075	
RX	281	10.9	-600	633	-752	-.031	.000	.080	

Stern	P	E	X	Y	Z	I	II	III	Bem.
Puppis									
U	317	11.04	-489	-638	128	-.019	-.021	.147	
W	120.	10.29	-150	-610	-96	+.034	-.015	.120	
Z	510	8.91	-213	-315	-4	-.004	-.015	.078	
CH	494	10.43	-291	-651	-217	+.012	-.018	.122	
Reticulum									
R	278	9.04	27	-383	-315	+.017	-.009	.069	
Sagitta									
W	278	10.9	432	541	22	+.023	-.020	.124	
Sagittarius									
R	269	8.80	369	121	-97	+.032	-.008	.079	
T	392	9.01	391	145	-96	+.035	-.008	.085	S
Z	450.	9.49	478	146	-138	+.045	-.005	.097	
RR	335	7.97	270	56	-134	+.018	-.008	.059	
RT	305	8.30	299	11	-193	+.021	-.007	.062	
RU	240.	8.95	399	-13	-228	+.031	-.005	.075	
RV	318	9.04	417	+4	-73	+.048	-.002	.085	
RX	334	10.88	770	256	-193	+.074	+.011	.141	
ST	395	10.00	525	218	-80	+.060	-.003	.111	S
TY	325	11.00	857	211	-255	+.070	+.016	.140	
Scorpius									
Z	350	10.32	697	-100	287	+.055	+.012	.111	
RR	279	7.34	224	-29	31	+.020	-.007	.051	
RS	320	8.23	289	-99	-6	+.039	-.004	.066	
RT	449	9.09	400	-82	+20	+.059	+.002	.084	
RU	369	10.06	562	-130	-73	+.073	+.019	.113	
RW	390	10.61	640	-83	+34	+.082	+.032	.120	
RZ	156	9.92	590	-107	227	+.054	+.008	.104	
Sculptor									
S	365	7.77	49	-1	-300	+.003	-.007	.044	
U	334	10.98	-45	-112	-1292	.000	-.009	.053	
Serpens									
R	356	8.00	200	98	236	+.008	-.008	.052	
S	369	9.76	404	151	569	+.013	-.009	.064	
T	341	10.85	603	439	103	+.063	-.009	.138	
U	238	10.27	600	244	560	+.023	-.008	.078	
Sextans									
S	261	10.66	-278	660	773	+.004	-.012	.072	
Taurus									
R	324	9.81	-573	-52	-276	-.037	.000	.095	
V	170	10.17	-646	-29	-192	-.052	-.004	.115	E?
Z	491	10.63	-657	-141	-64	-.061	+.015	.127	
RX	335	10.77	-845	-126	-393	-.049	+.008	.113	

Stern	P	E	X	Y	Z	I	II	III	Bem.
Telescopium									
R	462	9.47	481	-61	-318	+.035	-.002	.080	
Triangulum									
R	266	7.72	-211	139	-111	-.019	-.006	.055	
Tucana									
S	241	11.04	460	-572	-1053	+.019	-.006	.065	
T	251	9.74	379	-254	-530	+.022	-.005	.067	
U	259	10.18	329	-518	-555	+.028	-.004	.076	
Ursa Major									
R	302	8.81	-244	217	319	-.020	-.006	.063	
S	226	9.71	-223	322	581	-.016	-.007	.062	S
T	257	9.29	-186	252	492	-.013	-.007	.059	
RS	259	10.58	-322	442	894	-.016	-.007	.062	
RU	252	10.8	-377	62	1143	-.008	-.008	.056	
Ursa Minor									
S	326	9.61	-206	462	363	-.029	-.005	.079	
T	314	10.46	-329	601	647	-.027	-.004	.076	
U	327	9.40	-140	374	446	-.018	-.008	.066	
Vela									
W	395	9.80	100	-493	15	+.063	-.003	.098	
Y	445	10.40	47	-588	-8	+.073	-.003	.107	
Z	422	9.94	78	-507	0	+.065	-.003	.097	
Virgo									
R	146	8.17	50	-115	337	+.004	-.008	.048	
S	377	8.04	151	-124	271	+.011	-.007	.051	
T	339	10.76	181	-611	933	+.015	-.008	.064	
U	207	10.39	195	-303	910	+.010	-.008	.057	
V	250	10.55	419	-346	884	+.016	-.007	.062	
RS	353	9.21	296	-38	478	+.014	-.008	.059	
RU	437	10.91	244	-420	1144	+.011	-.008	.058	C
SS	355	7.90	46	-138	284	+.007	-.008	.047	C
Volans									
S	396	9.60	137	-509	-226	+.041	-.004	.093	
Vulpecula									
R	136	9.55	171	481	-139	-.012	-.015	.099	
RX	457	10.18	233	590	-152	-.013	-.011	.118	

Stern	P	max phot	(Z)	Bem.
And BU	382	10.6	-0.31	
Ant V	303	9.2	0.16	
Ant X	161	9.6	0.60	E?
Aps RX	474	10.5	-0.12	
Aps RY	383	10.0	-0.11	
Aps SV	303	10.0	-0.13	
Aps VZ	377	8.2	-0.09	
Aps WW	267	9.0	-0.16	
Aqr TX	347	10.5	0.52	
Aqr WY	245	10	0.71	
Aql TU	271	10.3	-0.10	
Ara X	176	9.0	-0.09	
Ara Y	241	9.8	-0.09	
Ara Z	289	10.0	-0.08	
Ara RU	252	10.2	-0.22	
Ara RV	292	10.4	-0.25	
Aur SZ	454	10.2	0.10	
Aur UV	393	9.8	-0.02	C
Aur VX	322	9.6	0.29	
Aur AC	311	10.2	0.10	
Aur AZ	420	10.5	0.11	
Cam RT	366	10.2	0.31	
Cnc RR	298	9.8	0.32	
Cnc SZ	315	10.2	0.40	
Cnc VW	366	10.6	0.37	
CVn U	346	8.8	0.52	
CMa UV	340	10.5	-0.13	
Car SV	298	10.1	-0.05	
Car AF	453	10.0	-0.02	
Cas WY	477	10.0	-0.08	
Cen RY	328	10.5	0.23	
Cen TW	269	8.8	0.26	
Cen UU	368	10.4	0.01	
Cen UV	274	10.1	0.05	
Cen AP	357	10.4	0.32	
Cen AQ	388	9.3	0.22	
Cet RY	374	10.5	-1.09	
Col V	300	10.4	-0.36	
Col W	327	9.3	-0.20	
CrA U	148	9.9	-0.17	
CrA RR	280.	9.8	-0.10	
CrA RZ	460	9.9	-0.21	
Crv U	283	10.1	0.74	
Crt Y	158	10.2	0.50	
Cru U	352	10.3	0.06	
Cru V	376	10.4	0.06	
Cru ST	440	10.7	0.03	
Cyg WY	304	9.5	-0.04	
Cyg AU	436	9.5	-0.01	
Cyg DD	148	10.5	0.10	
Cyg DR	314	9.3	-0.02	
Del ES	374	10.6	-0.21	
Dor T	168	10.5	-0.64	E?
Dor U	394	9.2	-0.28	
Dra ZZ	264	10	0.27	
Dra AA	339	10	0.20	
Eri RS	296	9.2	-0.40	
Eri RT	371	8.5	-0.31	
Eri UV	433	10.5	-0.46	
For U	318	10.4	-0.91	
Gem VX	379	10.8	0.17	C
Gem AM	355	9.5	0.14	
Her SU	334	10.5	0.38	
Her UV	342	9.5	0.33	
Her UZ	264	9.6	0.28	
Her VY	300.	10.1	0.47	
Her AI	407	10.5	0.70	
Her AS	269	9.9	0.56	
Her BG	348	9.6	0.32	
Hor S	336	10	-0.66	
Hor U	348	7.8	-0.36	
Hor RT	335	10.0	-0.65	
Hya SW	219	9.8	0.63	
Hya VV	154	10.4	0.40	
Hya WW	311	10.5	0.44	
Hya CZ	442	9.7	0.27	C
Hya EP	166	10.8	0.69	E?
Hya FI	324	10.2	0.57	
Hya FT	151	10.5	0.63	
Hya GG	370	10.4	0.35	

Stern		P	max phot	(Z)	Bem.
Ind	X	226	9.0	-0.44	
Ind	Y	304	9.8	-0.62	
Ind	RZ	258	10	-0.74	
Lac	W	327	10.3	-0.18	
Lep	RT	399	10.5	-0.39	
Lib	SV	403	10.2	0.34	
Lib	SX	334	10.4	0.61	
Lib	YY	229	9	0.35	
Lup	RT	364	10.5	0.15	
Lup	RX	237	10	0.06	
Lup	SW	377	10.3	0.19	
Lup	GI	326	10.4	0.21	S
Lyn	T	417	10.1	0.50	C
Lyn	RT	395	10.5	0.52	
Lyr	TV	262	10.0	0.54	
Lyr	TW	377	9.5	0.21	
Lyr	WZ	377	10.6	0.28	
Men	U	407	8.0	-0.19	
Mic	V	381	9.4	-0.59	
Mic	X	239	9.8	-0.64	
Mon	RX	343	10	0.07	
Mon	SY	422	9.6	-0.03	
Mon	TT	323	8.9	0.03	
Mon	BC	272	10.0	0.15	
Mon	BI	430.	10.5	0.09	
Mus	U	356	10.5	-0.02	
Oct	RR	273	10.1	-0.58	
Oct	RU	373	10.2	-0.45	
Oph	BC	307	10.0	0.13	
Ori	BK	354	10.0	-0.17	
Pav	RZ	288	9.6	-0.27	
Pav	XZ	332	10.5	-0.26	
Pav	BR	246	9.8	-0.48	
Peg	SX	307	9.7	-0.44	S
Peg	AP	300.	10.5	-0.41	
Peg	AS	329	10.2	-0.28	
Per	TW	335	10.6	-0.35	
Phe	Z	255	10.0	-0.95	
Phe	RR	427	9.4	-0.58	
Phe	SV	265	10.2	-1.18	
Pic	RW	287	10.2	-0.47	
PsA	RV	361	10.5	-0.82	
Pup	RW	332	9.6	-0.29	
Pup	SU	339	9.3	-0.07	
Pup	SV	168	10.8	0.18	E?
Pup	AO	390.	10.2	-0.06	
Pup	AS	328	9.0	-0.02	
Pup	ET	330.	10.6	-0.00	
Pyx	R	365	10.4	0.12	C
Sgr	TT	333	10.6	-0.26	
Sgr	TV	266	10.0	-0.32	
Sgr	AG	359	10.0	-0.18	
Sgr	AK	420	10.9	-0.03	
Sgr	AN	338	9.9	-0.18	
Sgr	BM	403	10.5	-0.42	
Sgr	FQ	434	10.1	-0.13	
Sco	TU	373	10.0	0.05	
Sco	WW	431	10.6	0.18	
Sco	YY	327	10.5	0.18	
Ser	BC	245	10	0.63	
Tel	U	445	10.5	-0.34	
Tel	W	304	9.6	-0.31	
Tel	X	309	10.4	-0.61	
Tel	RU	271	10.1	-0.40	
Tel	TY	361	10.5	-0.26	
Tel	BM	415	10.7	-0.42	
TrA	W	249	9.4	-0.16	
TrA	Z	151	9.8	-0.12	
TrA	RS	436	10.1	-0.10	
TrA	RU	326	9.8	-0.16	
Tuc	UU	335	10.4	-0.82	
Vel	RS	409	9.1	0.01	
Vel	RW	452	8.9	0.00	
Vel	CH	327	9.9	0.18	
Vel	DW	476	10.0	0.01	
Vir	SV	296	9.3	0.45	
Vir	BZ	151	9.5	0.48	
Vol	X	280	10.3	-0.28	

Mira-Paare

Distanz	Sternbild und Sterne	P_1	P_2	Z_1	Z_2
59 pc	Andromeda T, TU	280ᵈ	317ᵈ	-414	-397
98	Andromeda RW, TU	430	317	-307	-397
27	Aquarius T, W	202	381	-335	-311
74	Aquila X, RR	347	394	-117	-168
66	Aquila Z, RS	129	410	-310	-266
85	Aquila RU, SY	274	356	-160	-129
31	Auriga W, RU	274	466	11	39
72	Canis Minor R, S	338	333	63	85
90	Canis Minor U, V	410	366	146	69
87	Capricornus V, RR	276	277	-650	-671
63	Carina R, S	309	150	-18	-15
101	Cassiopeia R, T	430	445	-53	-45
88	Cassiopeia X, VZ	423	169	-32	-84
35	Cassiopeia Y, Z	414	496	-82	-63
12	Centaurus RT, RX	255	328	366	360
78	Corona Borealis S, V	360	358	329	331
66	Cygnus R, U	426	462	83	34
94	Cygnus V, RT	421	190	37	120
77	Cygnus Z, RT	264	190	114	120
82	Cygnus SX, FF	411	326	-20	-21
92	Cygnus WX, FF	410	326	10	-21
69	Delphinus S, T	277	332	-181	-210
35	Delphinus T, X	332	281	-210	-222
73	Delphinus S, X	277	281	-181	-222
63	Delphinus S, Z	277	304	-181	-143
48	Eridanus T, W	252	377	-499	-470
71	Gemini S, T	293	288	278	269
83	Hercules S, U	307	406	248	253
90	Hercules U, RU	406	485	253	332
100	Hercules RS, SY	220	117	332	326
82	Libra RS, RU	218	317	267	291
79	Octans R, U	406	303	-210	-177
78	Ophiuchus R, V	303	298	103	177
37	Pavo R, W	230	283	-257	-220
96	Pavo U, SU	290	246	-622	-579
98	Pegasus R, S	378	319	-325	-411
92	Pegasus T, V	373	302	-401	-450
101	Pegasus T, RS	373	412	-401	-446
87	Perseus R, RX	210	422	-254	-232
75	Piscis Austrinus R, S	293	272	-860	-791
33	Sagittarius R, T	269	392	-97	-96
97	Sagittarius T, Z	392	450	-96	-138
80	Sagittarius RR, RT	335	305	-134	-193
30	Vela W, Z	395	422	15	0
87	Vela Y, Z	445	422	-8	0
58	Virgo R, SS	146	355	337	284

Studien zur galaktischen Struktur anhand von Variablen später Spektralklassen

Von

w. M. K. Ferrari d'Occhieppo, M. Firneis, E. Göbel

(Mit 10 Abbildungon)

(Vorgelegt in der Sitzung der math.-nat. Klasse am 18. Dezember 1980)

Abstract

In the present paper a catalogue of 2152 Mira- and 189 SRa-variables computed from two models of interstellar absorption is statistically surveyed in order to investigate the spatial distribution of these two types of physically variable stars in the galaxy. The work was intended to be complete down to a photographic magnitude of $13^{m}_{.}4$ at maximum ligth for all stars officially named and classified as Mira or SRa (period > 95 days) in the General Catalogue of Variable Stars (Kukarkin et al. 1969) including Supplementary Volume 3 (1976).

According to an assumed period-luminosity relation as derived by Ferrari (1973, 1976, 1977) and the influence of interstellar absorption, the cartesian heliocentric coordinates X, Y, Z are derived from the distance r and the spherical coordinates l, b. In a first step the analyzed data lie within a cylindric space of 700 pc radius which is partitioned into classes according to the distances above and below the plane considered. Appropriate statistical distributions are fitted to the Z-

component of the spatial density for each model resulting in the adoption of two asymmetrical exponential distributions in relation to the main plane. The lack of consistent data in larger distances from the sun outside the cylindrical space below the fundamental plane leads to a smaller nonreception probability.

Plots are given for the two models showing the complete dataset within a layerheight of $|Z| \leq 150\,pc$ and $|Z| \leq 300\,pc$ respectively. Geometrical reasons—leading to the formation of two arms and the correct position of the sun at the inner edge of a spiral arm as well as the distinct concentration of stars along the central portions of these two arms in a distance of $1500\,pc$ which is in agreement with the value given in Landolt-Börnstein (1965)—allow to select the absorption model 1 as representing physical reality closer than the other model considered.

There are indications which seem to show that young Mira-Stars are longperiodical variables which in their positions are more associated with the galactic plane than the older short-period variables of the same type.

Dank ihrer hohen Entdeckungswahrscheinlichkeit eignen sich die Riesensterne später Spektralklassen bevorzugt für Untersuchungen zur galaktischen Struktur. Hierin bilden die Veränderlichen vom Typ Mira und SRa die größte mehr oder weniger homogene Gruppe in unserer Galaxis. Um für die folgenden Untersuchungen ein möglichst vollständiges, aber auch gesichertes Datenmaterial zur Verfügung zu haben, wurden alle Mira- und SRa-Sterne (mit Perioden $P > 95^{d}$) bis zu einer mittleren photographischen Helligkeit von $13^{m}_{.}4$ berücksichtigt, soweit sie im General Catalogue of Variable Stars (GCVS) von Kukarkin et al. (1969) einschließlich der Ergänzungsbände bis 1976 enthalten sind. SRa-Sterne wurden deshalb auch in die Untersuchung mit einbezogen, da sie in vieler Hinsicht den Mira-Sternen ähnlich sind und eine Unterscheidung nicht selten zweifelhaft erscheint. Wo dies allerdings nicht zutrifft — wie bei den extrem kurzen Perioden —, wurden sie eliminiert. Damit wurden in der vorliegenden Arbeit insgesamt 2341 Objekte mit $P > 95^{d}$ erfaßt.

Von allen Modellvoraussetzungen unabhängig erhält man das Polarhistogramm der Abbildung 1, welches nur die von der galaktischen Länge abhängige Verteilung der Gesamtzahl der Objekte darstellt.

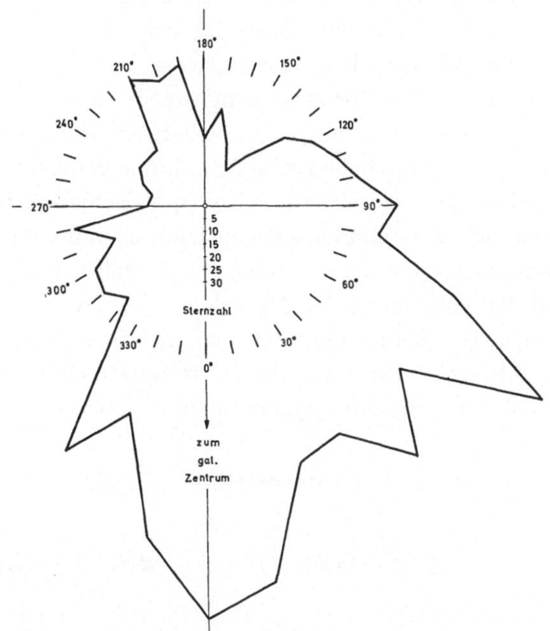

Abb. 1. Häufigkeitsverteilung in Abhängigkeit von der galaktischen Länge. Der Verlauf des Histogramms zeigt stark inhomogene interstellare Absorption an. Erwartungsgemäß tritt in Richtung zum galaktischen Zentrum eine Häufung der Objekte auf. Eine weitere auffällige Häufung zeigt sich in Richtung von etwa $l = 65°$, was der Lage der Sternwolke im Cygnus entspricht

Die kartesischen Raumkoordinaten dieser Sterne, die die Grundlage für die Untersuchungen dieser Arbeit bilden, wurden mit Hilfe photometrischer Parallaxen über eine Perioden-Leuchtkraftbeziehung nach Ferrari (1973, 1976, 1977) bestimmt. Aus diesem Grund erscheint es auch nicht sinnvoll, die Zahl der untersuchten Objekte durch Einbeziehung noch schwächerer Sterne weiter zu vergrößern, da — infolge der großen Amplituden — die Minimalhelligkeiten und auch die Perioden oft unsicher sind, was zu wertlosen Parallaxen führen würde.

Da die Helligkeit im Maximum bei diesem Veränderlichen-Typ selbst wieder variabel ist, wurde für die Perioden-Leuchtkraftbeziehung eine über viele Perioden gemittelte Maximumshelligkeit verwendet. Soweit diese im GCVS nicht schon angegeben war, wurde sie in Anlehnung an das vorhandene Material ermittelt, wobei sich eine Abhängigkeit von der Periode beziehungsweise vom Spektraltyp ergab.

Eine weitere wichtige Voraussetzung für die Erstellung der Raumkoordinaten war die Verwendung eines realistischen Absorptionsmodelles. Hier wurden im wesentlichen zwei Annahmen gemacht: im Modell 1 ist die interstellare Materie innerhalb der Spiralarme konzentriert; die Sonne befindet sich in einem einseitigen Dichtegefälle, da sie nahe am inneren Rand eines Spiralarmes steht. Im Modell 2 befindet sich der größte Anteil der absorbierenden Materie an den inneren Rändern der Spiralarme, d. h. die Sonne befindet sich in einem Bereich stärkster interstellarer Absorption mit annähernd symmetrischer Dichteabnahme in den Richtungen zum galaktischen Zentrum und zu dessen Gegenpunkt.

Unter Verwendung der Hilfsvariablen

$$x = \frac{r}{\tilde{r}}; \quad A = \frac{\tilde{r}}{r_0} \sin|b|; \quad B = 2\pi \cos(l - l_1) \,.\, \cos b$$

[Erklärung siehe Firneis (1978)] wird die Absorption für Modell 1 wie folgt beschrieben:

$$a(r) = a_0 r_0 [1 - \exp(-A x)] \,.\, \operatorname{cosec}|b| + \\ + \frac{a_1 \tilde{r} B}{A^2 + B^2} \left[1 - \exp(-A x) \left(\cos Bx + \frac{A}{B} \sin Bx \right) \right].$$

Die Absorption für das Modell 2 lautet:

$$a(r) = a_0 r_0 [1 - \exp(-A x)] \,.\, \operatorname{cosec}|b| + \\ + \frac{a_1 \tilde{r} A}{A^2 + B^2} \left[1 - \exp(-A x) \left(\cos Bx - \frac{B}{A} \sin Bx \right) \right].$$

Aufgrund des bisher erfaßten Absorptionsverlaufes erscheint es plausibel, als mittlere optische Dicke $r_0 = 150\,pc$ zu wählen und eine Gesamtabsorption von $0^m\!.405$ in Richtung der galaktischen Pole zugrunde zu legen. Diese Wahl entspricht bei Modell 1 einem Absorptionskoeffizienten von $a_0 = 2^m\!.7/\text{kpc}$ für Objekte, die genau in der galaktischen Hauptebene liegen. Die Amplitude a_1, die größte Abweichung der lokalen Absorption von a_0, ist für Modell 1 zu $a_1 = 1^m\!.5/\text{kpc}$ gewählt. Für Modell 2 wurde eine Variation der Zahlenwerte der Absorptionsparameter vorgenommen. In diesem Fall ist $a_0 = 2^m\!.0/\text{kpc}$ und $a_1 = 1^m\!.0/\text{kpc}$. Unter Berücksichtigung dieser Absorption wurde die Entfernung r der Sterne entsprechend den beiden Modellen errechnet und in Abhängigkeit von den Positionen l und b in die zugehörigen kartesischen Koordinaten X, Y, Z umgerechnet.

In Analogie zur Arbeit von Firneis (1978) wurde das Verteilungsverhalten des Objektensembles in einem Normzylinder, der mit einem Radius von $700\,pc$ um die Sonne gelegt wurde, in Abhängigkeit von der Z-Komponente untersucht. Dieser Zylinder wurde in Scheiben der Höhe $150\,pc$ unterteilt, die parallel zur galaktischen Hauptebene verlaufen. Den solcherart entstandenen Histogrammen wird nun zweckmäßigerweise eine Gaußsche Glockenkurve, zwei Exponentialverteilungen für die beiden Halbräume und eine Exponentialverteilung, die bezüglich der XY-Ebene symmetrisch liegt, optimal angepaßt. Theoretische Klassenhäufigkeiten wurden aus den Parametern der beiden Verteilungstypen errechnet und mittels eines χ^2-Tests mit den beobachteten Häufigkeiten zu einer Prüfstatistik vereinigt. Diese Prüfstatistik ist asymptotisch nach χ^2 mit $k-1-p$ Freiheitsgraden verteilt. Dabei ist k die Anzahl der beobachteten Klassen und p die Anzahl der aus der Verteilung geschätzten Parameter.

Für die beiden Modelle und ihre Parameterkonfigurationen seien die am Computer gewonnen Ergebnisse tabellarisch dargestellt.

MODELL 1:

$$a_0 = 2^m\!.7/\text{kpc}, \quad a_1 = 1^m\!.5/\text{kpc}.$$

Beobachtete Klassenhäufigkeiten in den Scheiben des Normzylinders:

4, 10, 5, 8, 16, 35, 40, 75, 67, 40, 23, 16, 6, 3, 11, 2

Gesamtsumme der betrachteten Sterne im Normzylinder: 361
Anzahl der unter der XY-Ebene liegenden Sterne: 193
Anzahl der über der XY-Ebene liegenden Sterne: 168
Probenmittel (= Mittel der Gaußverteilung): = —28,5 *pc*
Probenvarianz (= Varianz der Gaußverteilung): $S^2 = 2{,}1 \cdot 10^5\, pc^2$
Streuung der Gaußverteilung: $S = 456{,}7\, pc$
Exponentialverteilung unter der XY-Ebene: Mittel = —327,9 *pc*
Exponentialverteilung über der XY-Ebene: Mittel = 315,3 *pc*
Mittel der symmetrischen Exponentialverteilung = 322,0 *pc*.

Z (*pc*)	Dichte der Exponential-verteilungen	Dichte der Gauß-verteilung	Dichte der symm. Expon.-verteilung
—2000,0	0,001	0,000	0,001
—1900,0	0,002	0,000	0,002
—1800,0	0,002	0,000	0,002
—1700,0	0,003	0,000	0,003
—1600,0	0,004	0,001	0,004
—1500,0	0,006	0,002	0,005
—1400,0	0,008	0,003	0,007
—1300,0	0,011	0,007	0,010
—1200,0	0,015	0,012	0,013
—1100,0	0,021	0,020	0,018
—1000,0	0,028	0,033	0,025
—900,0	0,038	0,051	0,034
—800,0	0,051	0,076	0,047
—700,0	0,070	0,107	0,064
—600,0	0,094	0,144	0,087
—500,0	0,128	0,185	0,119
—400,0	0,174	0,227	0,162
—300,0	0,236	0,264	0,221
—200,0	0,320	0,294	0,301
—100,0	0,434	0,311	0,411
0,0	0,589	0,315	0,561
0,0	0,533	0,315	0,561
100,0	0,388	0,303	0,411
200,0	0,283	0,278	0,301
300,0	0,206	0,243	0,221

Fortsetzung

Z (*pc*)	Dichte der Exponential-verteilungen	Dichte der Gauß-verteilung	Dichte der symm. Expon.-verteilung
400,0	0,150	0,203	0,162
500,0	0,109	0,161	0,119
600,0	0,079	0,122	0,087
700,0	0,058	0,088	0,064
800,0	0,042	0,061	0,047
900,0	0,031	0,040	0,034
1000,0	0,022	0,025	0,025
1100,0	0,016	0,015	0,018
1200,0	0,012	0,008	0,013
1300,0	0,009	0,005	0,010
1400,0	0,006	0,002	0,007
1500,0	0,005	0,001	0,005
1600,0	0,003	0,001	0,004
1700,0	0,002	0,000	0,003
1800,0	0,002	0,000	0,002
1900,0	0,001	0,000	0,002
2000,0	0,001	0,000	0,001

Die theoretischen Klassenhäufigkeiten in den 16 Klassen (8 im oberen, 8 im unteren Halbraum), analog zur Arbeit von Firneis (1978) gelegt wurden, betragen für die einzelnen Verteilungstypen des Modells 1:

Klasse	Theoretische Häufigkeiten der Verteilungshypothesen			Beobachtete Sternzahlen pro Klasse
	Gauß-verteilung	2 Exponent.-verteilungen	1 symm. Exp.-verteilung	
1	0,967	3,227	2,824	4
2	9,208	8,738	7,847	10
3	10,434	7,193	6,546	5
4	17,449	11,366	10,430	8
5	26,219	17,960	16,617	16
6	35,404	28,379	26,476	35

Fortsetzung

Klasse	Theoretische Häufigkeiten der Verteilungshypothesen			Beobachtete Sternzahlen pro Klasse
	Gauß-verteilung	2 Exponent.-verteilungen	1 symm. Exp.-verteilung	
7	42,961	44,844	42,185	40
8	46,845	70,861	67,213	75
9	45,902	63,596	67,213	67
10	40,419	39,522	42,185	40
11	31,982	24,561	26,476	23
12	22,741	15,263	16,617	16
13	14,531	9,486	10,430	6
14	8,343	5,895	6,546	3
15	6,936	6,956	7,847	11
16	0,653	2,426	2,824	2

Die theoretisch errechneten Gesamtzahlen der Sterne des Normzylinders ergeben sich bei der Gaußverteilung identisch mit dem beobachteten Wert zu 361 und für die symmetrische Exponentialverteilung zu 360,28 gegenüber 361 beobachteten Sternen.

Für die Exponentialverteilung des unteren Halbraumes ergeben sich 192,57 gegenüber 193 tatsächlich beobachteten Objekten. Für die Exponentialverteilung über der XY-Ebene ergeben sich bei diesem Modell 167,70 gegenüber dem wahren Wert von 168 Veränderlichen.

Der errechnete Wert der Prüfstatistiken wird in der nachfolgenden Tabelle zusammen mit der Anzahl ihrer Freiheitsgrade angegeben:

Verteilungshypothese	Wert der Prüfstatistik	Anzahl der Freiheitsgrade
Gauß	66,45	13
Exponentiell unterer Halbraum	4,56	6
Exponentiell oberer Halbraum	5,45	6
Symmetrische Exponentialverteilung	11,70	14

Für das andere untersuchte Absorptionsmodell wurden die folgenden Werte erhalten:

MODELL 2:

$$a_0 = 2\overset{m}{,}0/\text{kpc}, \quad a_1 = 1\overset{m}{,}0/\text{kpc}.$$

Beobachtete Klassenhäufigkeiten in den Scheiben des Normzylinders:

3, 11, 4, 8, 16, 34, 50, 67, 60, 39, 24, 13, 7, 5, 9, 2

Gesamtsumme der betrachteten Sterne im Normzylinder: 352
Anzahl der unter der XY-Ebene liegenden Sterne: 193
Anzahl der über der XY-Ebene liegenden Sterne: 159
Probenmittel (= Mittel der Gaußverteilung): = —34,2 pc
Probenvarianz (= Varianz der Gaußverteilung): $S^2 = 2{,}0 \cdot 10^5\, pc^2$
Streuung der Gaußverteilung: $S = 452{,}1\, pc$
Exponentialverteilung unter der XY-Ebene: Mittel = —327,3 pc
Exponentialverteilung über der XY-Ebene: Mittel = 321,7 pc
Mittel der symmetrischen Exponentialverteilung = 324,8 pc.

Z (pc)	Dichte der Exponential-verteilungen	Dichte der Gauß-verteilung	Dichte der symm. Expon.-verteilung
—2000,0	0,001	0,000	0,001
—1900,0	0,002	0,000	0,002
—1800,0	0,002	0,000	0,002
—1700,0	0,003	0,000	0,003
—1600,0	0,004	0,001	0,004
—1500,0	0,006	0,002	0,005
—1400,0	0,008	0,003	0,007
—1300,0	0,011	0,006	0,010
—1200,0	0,015	0,011	0,013
—1100,0	0,020	0,019	0,018
—1000,0	0,028	0,032	0,025
—900,0	0,038	0,050	0,034

Fortsetzung

Z (*pc*)	Dichte der Exponential-verteilungen	Dichte der Gauß-verteilung	Dichte der symm. Expon. verteilung
—800,0	0,051	0,074	0,046
—700,0	0,069	0,105	0,063
—600,0	0,094	0,142	0,085
—500,0	0,128	0,183	0,116
—400,0	0,174	0,224	0,158
—300,0	0,236	0,261	0,215
—200,0	0,320	0,290	0,293
—100,0	0,434	0,307	0,398
0,0	0,590	0,310	0,542
0,0	0,494	0,310	0,542
100,0	0,362	0,297	0,398
200,0	0,265	0,272	0,293
300,0	0,195	0,236	0,215
400,0	0,143	0,196	0,158
500,0	0,104	0,155	0,116
600,0	0,077	0,116	0,085
700,0	0,056	0,083	0,063
800,0	0,041	0,057	0,046
900,0	0,030	0,037	0,034
1000,0	0,022	0,023	0,025
1100,0	0,016	0,013	0,018
1200,0	0,012	0,007	0,013
1300,0	0,009	0,004	0,010
1400,0	0,006	0,002	0,007
1500,0	0,005	0,001	0,005
1600,0	0,003	0,000	0,004
1700,0	0,003	0,000	0,003
1800,0	0,002	0,000	0,002
1900,0	0,001	0,000	0,002
2000,0	0,001	0,000	0,001

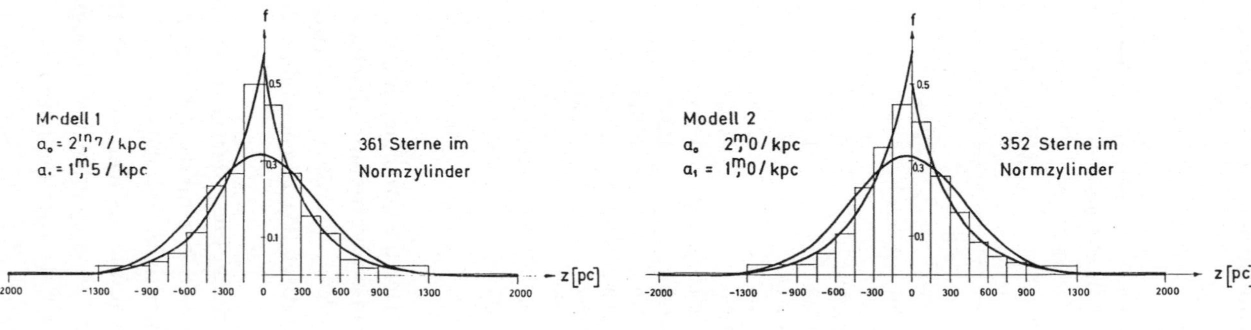

Abb. 2. Histogramm der Sternhäufigkeiten in Abhängigkeit von Z mit überlagerten Gauß- und Exponentialverteilung. Die Skalierung der f-Achse (Dimension Sterne/pc) erlaubt zusammen mit der Klassenbreite die Sternzahl in jeder Klasse als Rechteckfläche abzulesen. Der systematische Exzeß der linken Exponentialverteilung gegenüber der rechten an der Stelle $Z = 0$ weist auf die Lage der Sonne gegenüber der galaktischen Hauptebene hin

Die theoretischen Klassenhäufigkeiten für die einzelnen Verteilungstypen betragen bei Modell 2:

Klasse	Theoretische Häufigkeiten der Verteilungshypothesen			Beobachtete Sternzahlen pro Klasse
	Gauß-verteilung	2 Exponent.-verteilungen	1 symm. Exp.-verteilung	
1	0,897	3,209	2,843	3
2	8,861	8,707	7,802	11
3	10,183	7,176	6,467	4
4	17,138	11,347	10,263	8
5	25,864	17,943	16,287	16
6	34,998	28,374	25,848	34
7	42,463	44,867	41,020	50
8	46,195	70,949	65,098	67
9	45,062	59,254	65,098	60
10	39,413	37,172	41,020	39
11	30,910	23,319	25,848	24
12	21,735	14,629	16,287	13
13	13,704	9,177	10,263	7
14	7,748	5,757	6,467	5
15	6,270	6,896	7,802	9
16	0,556	2,478	2,843	2

Auch bei diesem Modell ergeben sich die errechneten Gesamtzahlen der Sterne im Normzylinder für die Gaußverteilung gleichwertig mit dem beobachteten Wert von 352 Objekten. Für die symmetrische Exponentialverteilung erhält man theoretisch 351,26 gegenüber 352 beobachtbaren Sternen.

Für die Exponentialverteilung über der Grundebene wird ein theoretisches Ensemble von 158,68 gegenüber 159 realen Veränderlichen errechnet. Für die Exponentialverteilung unter der XY-Ebene erhält man 192,57 gegenüber dem wahren Wert von 193. Die errechneten Werte der χ^2-Statistiken für die folgenden Verteilungshypothesen zusammen mit der Anzahl der Freiheitsgrade lauten:

Verteilungshypothese	Wert der Prüfstatistik	Anzahl der Freiheitsgrade
Gauß	47,78	13
Exponentiell unterer Halbraum	5,14	6
Exponentiell oberer Halbraum	1,65	6
Symmetrische Exponentialverteilung	10,46	14

Generell bestätigt die Untersuchung mit dem über den Normzylinder hinaus auf 2341 Sterne erweiterten Datenmaterial, daß die Verteilungshypothese zweier Exponentialverteilungen im oberen und unteren Halbraum nicht verworfen wird. Jedoch macht sich der Dichteabfall der Daten in größerer Sonnenentfernung unterhalb der galaktischen Hauptebene bereits in Form einer geringeren Nichtverwerfungswahrscheinlichkeit bemerkbar. Dieses Ergebnis bestätigt somit die qualitative Aussage, die schon von Firneis (1978) mit nur 554 Sternen erzielt wurde.

Im weiteren wurden für die Untersuchung der Raumverteilung die kartesischen Koordinaten X, Y, Z herangezogen, wobei die Abbildungen 3—10 jeweils die Projektion auf die XY-Ebene zeigen. Um bei diesen Bildern auch die Verteilung in der Applikate beurteilen zu können, wurde zwischen zwei verschiedenen Schichtdicken mit $|Z| \leq 150\,pc$ und $|Z| \leq 300\,pc$ unterschieden. Durch Differenzierung bestimmter Perioden-Intervalle, wie sie Firneis (1978) verwendet hat, ergibt sich die Möglichkeit, das Verteilungsverhalten ausgewählter Perioden-Gruppen isoliert zu untersuchen.

Ein Vergleich der Abbildungen über den gesamten Perioden-Bereich (Abb. 3—6) zeigt bei Modell 1 deutlich eine sternarme Zone zwischen zwei Konzentrationen, d. h. der Verlauf der Spiralarme (Orion- bzw. Sagittariusarm) tritt hier deutlich hervor — und zwar für beide Schichtdicken. Bei Modell 2 ist dieser Effekt für $|Z| \leq 150\,pc$ wesentlich undeutlicher zu erkennen, für $|Z| \leq 300\,pc$ ist er nahezu vollkommen verwischt. Weiters unterscheiden sich die Abstände zwischen den Sternkonzentrationen, also den Distanzen der Spiralarmmitten, je nach dem verwendeten Absorptionsmodell. Während Modell 1 recht gut den heute allgemein angenommenen Wert von rund 1500 *pc* für diesen Abstand wiedergibt [Landolt-Börnstein (1965)] erscheint dieser Wert bei Modell 2 um rund $^1/_4$ verkürzt. Ebenso scheint die Sonne, die in Modell 1 der Wirklichkeit entsprechend, nahe dem inneren Rand unseres Spiralarms (Orionarm) steht, bei Modell 2 in den Arm hinein verschoben. Offensichtlich liegt also bei Modell 1 die realistischere Verteilungsannahme der absorbierenden Materie vor.

Auffällig ist bei beiden Modellen eine Häufung der Objekte in einer Entfernung von rund 1200 *pc* bei einer galaktischen Länge von etwa $l = 65°$. Sie ist Teil der galaktischen Wolke im Cygnus und — wie schon erwähnt — bereits im Polarhistogramm der Abb. 1 als deutliche Häufungsstelle zu erkennen.

Signifikant erscheinen auch die Abbildungen (7—10) über das Verteilungsverhalten bestimmter Periodengruppen. Es handelt sich hiebei um die lange bekannte Tatsache [Ahnert (1939), Hoffmeister (1970)], daß zwischen der Periodenlänge und der Verteilung in der Galaxis ein Zusammenhang besteht. Im wesentlichen handelt es sich dabei darum, daß in höheren galaktischen Breiten die durchschnittliche Länge der insgesamt vorkommenden Perioden kürzer ist als in der Nähe des galaktischen Äquators. Dieser Sachverhalt, der bisher immer nur bezogen auf sphärische Breitenzonen festgestellt wurde, wird nunmehr qualitativ bestätigt, quantitativ aber genauer erfaßt durch die Abgrenzung von Schichten gleichen linearen Abstandes von der galaktischen Ebene.

Vergleicht man zunächst extreme Periodengruppen, z. B. die Gruppe mit $150^d < P \leqq 200^d$ gegenüber der Gruppe mit $450^d < P < 1000^d$, so zeigt sich, daß bei Verdoppelung der Schichtdicke symmetrisch zur galaktischen Ebene von $|Z| \leqq 150\,pc$ auf $|Z| \leqq 300\,pc$ bei den kurzen Perioden auch die Anzahl der Sterne etwa um den Faktor 2 zunimmt, während bei den langen Perioden der Zuwachs nur etwa 20% der Anzahl in der dünnen Schicht beträgt (Abb. 7—10). Wie aus dem Datenmaterial der Arbeit von Smak & Preston (1965) erschlossen werden kann, wäre dieser Sachverhalt dahingehend zu interpretieren, daß die extrem Langperiodischen relativ junge Objekte sind, die sich noch stark in der Nähe der galaktischen Ebene konzentrieren, während die älteren kurzperiodischen Veränderlichen sich auch in größere Abstände von der galaktischen Scheibe zerstreut haben. Im wesentlichen zeigt sich dieses Verhalten selbstverständlich in ähnlicher Weise bei der Berechnung der Entfernungen nach beiden Absorptionsmodellen, es ist aber bei Modell 2 weniger ausgeprägt als bei Modell 1.

Bei näherer Prüfung zeigt sich jedoch, daß nicht etwa ein stetiger Übergang zwischen den extremen Periodengruppen besteht. Vielmehr bleibt die Verdoppelung der Sternanzahl entsprechend der doppelten Schichtdicke annähernd erhalten bis zur Periodengruppe $300^d < P \leqq 350^d$. Erst darüber hinaus nimmt der Faktor merklich ab: von 350 bis 450^d beträgt er etwa 1,5, um schließlich, wie bereits gesagt, bei den längsten Perioden bis auf 1,2 abzunehmen. Die Zusammenhänge scheinen daher wesentlich komplizierter zu sein, als daß man sie im Sinne einer stetigen entwicklungsbedingten Periodenverkürzung verbunden mit einer Auflockerung der galaktischen Konzentration verstehen könnte. Diese Schlußfolgerung deckt sich sinngemäß mit den Ergebnissen unserer Analyse der Häufigkeitsverteilung der Perioden naher Mira-Sterne (Ferrari et al., 1980).

Danksagung

Der Dank der Autoren gebührt dem Rechenzentrum der Österreichischen Akademie der Wissenschaften, das zur Durchführung der hier vorgelegten Untersuchungen erhebliche Kontingente an Rechenzeit sowie seine Auswertegeräte großzügig zur Verfügung gestellt hat.

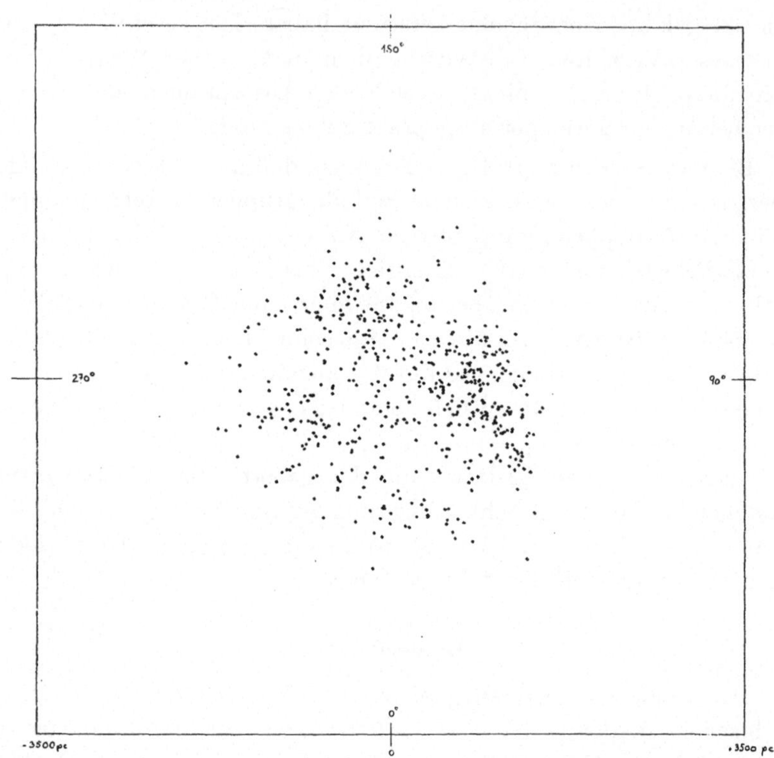

Abb. 3. Modell 1: Objekte im Periodenintervall $95^d \leq P \leq 1000^d$, Schichtdicke $|Z| \leq 150\,pc$. Der Koordinatennullpunkt ist markiert durch ⊙, was der Position der Sonne entspricht

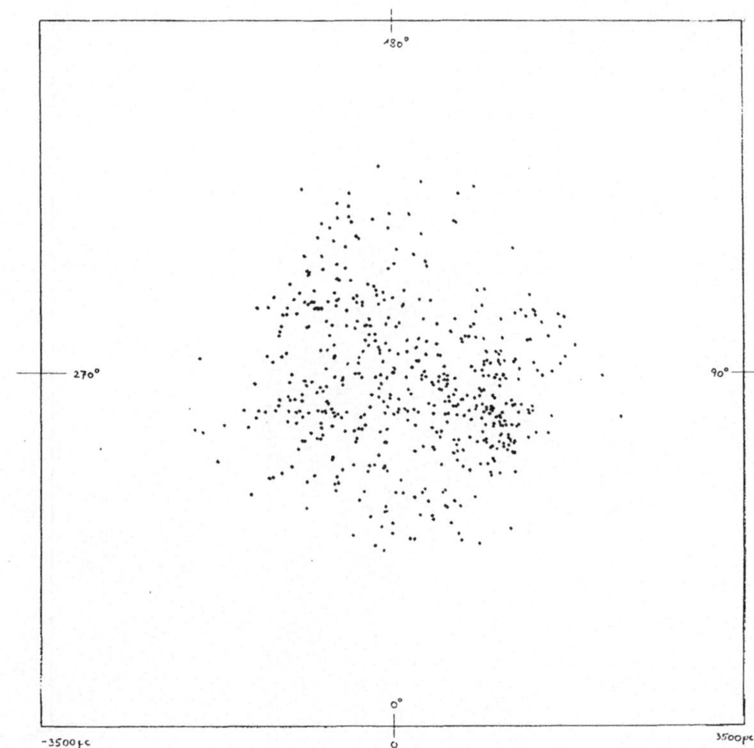

Abb. 4. Modell 2: Objekte im Periodenintervall $95^d \leq P \leq 1000^d$, Schichtdicke $|Z| \leq 150\,pc$

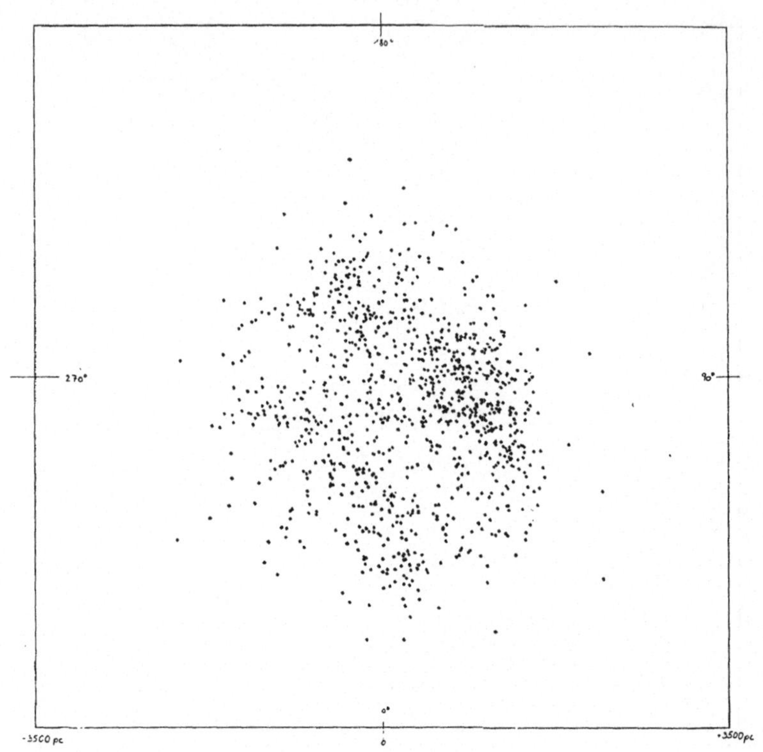

Abb. 5. Modell 1: Objekte im Periodenintervall $95^d \leq P \leq 1000^d$, Schichtdicke $|Z| \leq 300\,pc$

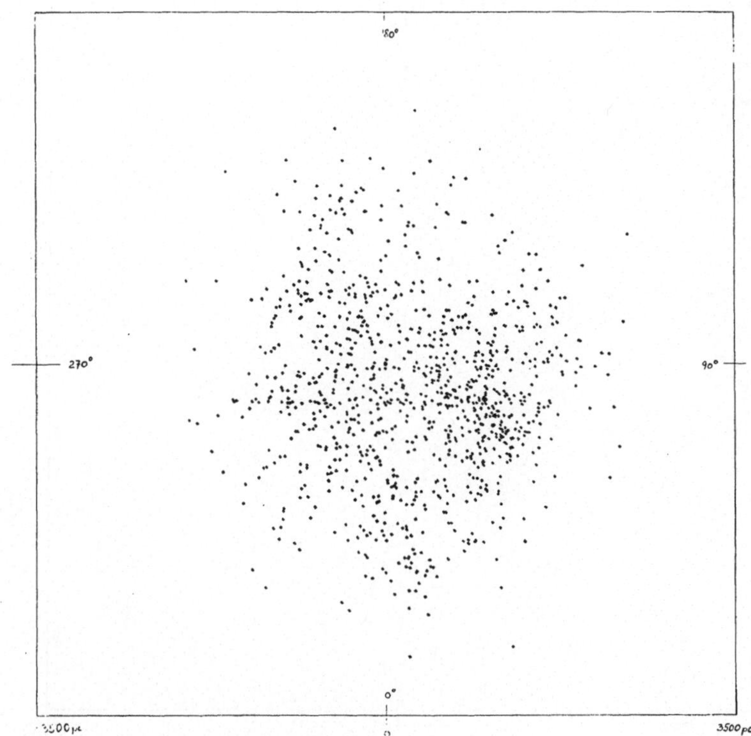

Abb. 6. Modell 2: Objekte im Periodenintervall $95^d \leq P \leq 1000^d$, Schichtdicke $|Z| \leq 300\,pc$

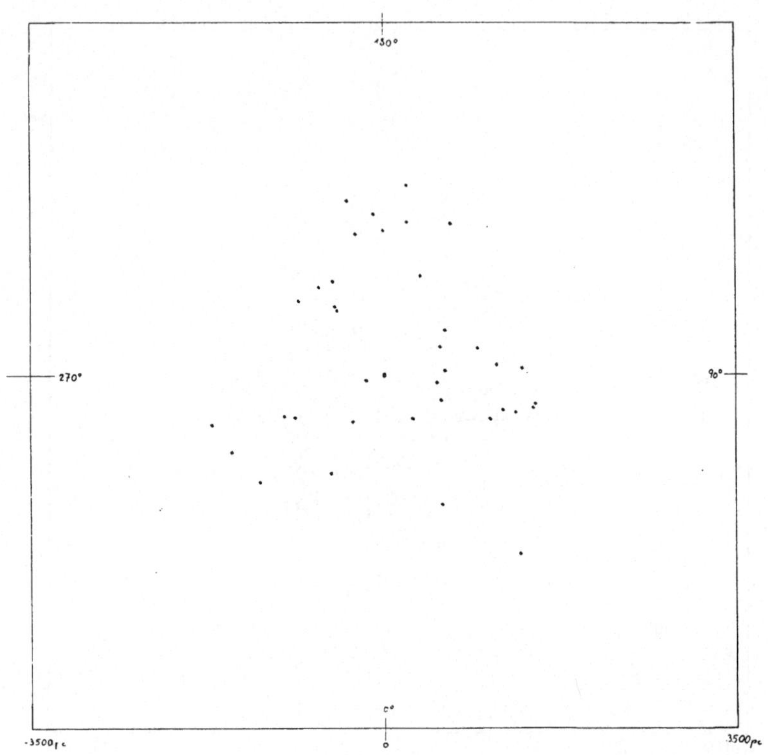

Abb. 7. Modell 1: Objekte im Periodenintervall $150^d < P \leq 200^d$, Schichtdicke $|Z| \leq 150\,pc$

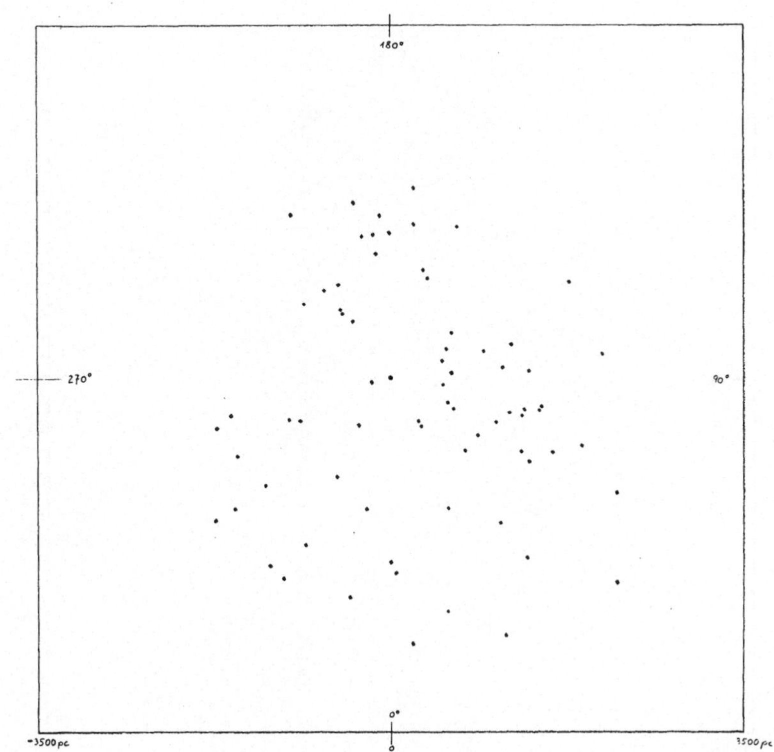

Abb. 8. Modell 1: Objekte im Periodenintervall $150^d < P \leq 200^d$, Schichtdicke $|Z| \leq 300\,pc$

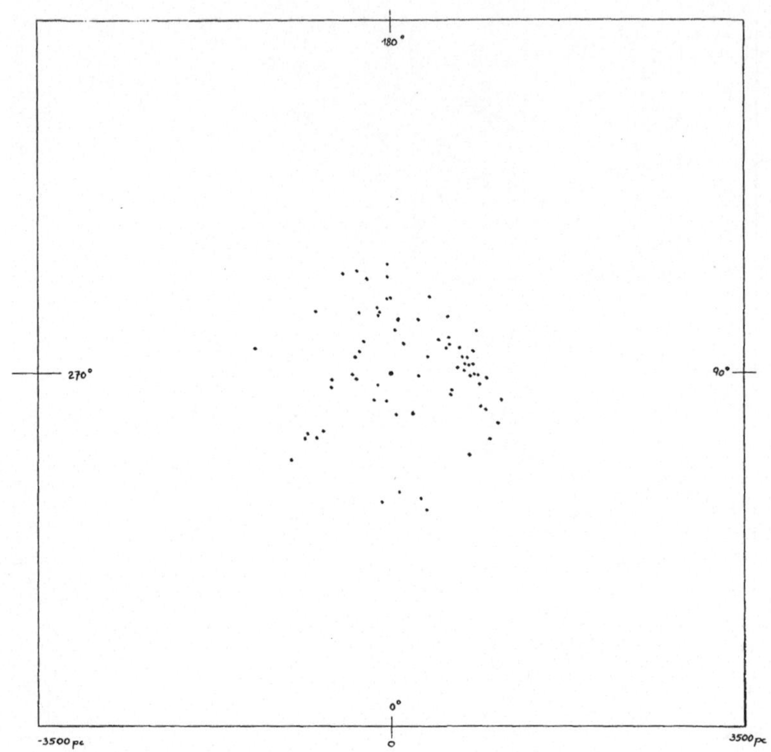

Abb. 9. Modell 1: Objekte im Periodenintervall $450^d < P \leq 1000^d$, Schichtdicke $|Z| \leq 150\,pc$

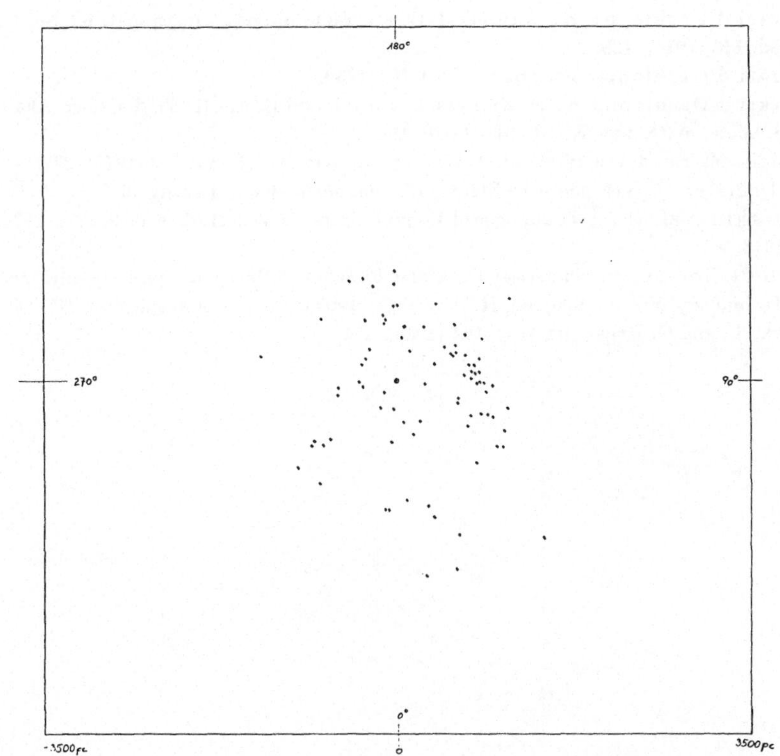

Abb. 10. Modell 1: Objekte im Periodenintervall $450^d < P \leq 1000^d$, Schichtdicke $|Z| \leq 300\,pc$

Literatur

Ahnert, P.: AN **269** (1939), 241.

Ferrari d'Occhieppo, K.: IBVS (1973), No. 768.

Ferrari d'Occhieppo, K.: Anzeiger d. Österr. Akad. d. Wiss., math.-nat. Kl. Sb. II, Bd. **113** (1976), 125.

Ferrari d'Occhieppo, K.: IBVS (1977), No. 1239.

Ferrari d'Occhieppo, K., M. Firneis, E. Göbel und E. Thell: Sb. d. Österr. Akad. d. Wiss., math.-nat. Kl. II, 189 (1980), 1980.

Firneis, M.: Sb. d. Österr. Akad. d. Wiss., math.-nat. Kl. II, Bd. **187** (1978), 237.

Hoffmeister, C.: Veränderliche Sterne, 72, Johann A. Barth, Leipzig 1970.

Kukarkin et al.: General Catalogue of Variable Stars (GCVS), Moskau 1969, 1971, 1974, 1976.

Landolt-Börnstein: Numerical Data and Functional Relationships in Science and Technology, Vol. 1 (1965). ed. H. H. Voigt: Astronomy and Astrophysics, 278, 617.

Smak, J., and G. Preston: ApJ., **142** (1965), 934.